櫻井孝宏の(笑)

メモリアルブック
～HAPPY 10TH ANNIVERSARY～

Contents

撮り下ろしSPECIALグラビア
櫻井孝宏×桜…001

祝10周年！
単独ロングインタビュー…004

(笑)全放送回レビュー[Part.1]
#1(2006.7.30)～#16(2010.10.31)…015

メイキングショット集[Part.1]
#33 Making…048

(笑)全放送回レビュー[Part.2]
(初笑)！新春SP(2011.1.2)～#33(2016.4.30)…051

メイキングショット集[Part.2]
(Hatsuwarai)2016 Making…095

[座談会]櫻井孝宏×STAFF
(大門弘樹プロデューサー、金田光彦ディレクター)…098

[インタビュー1]
川合真澄(演出)…108

[インタビュー2]
山崎明日香(AT-X プロデューサー)…112

(笑)語録…120

(笑)収録現場ルポ漫画…124
取材・漫画：森本がーにゃ

櫻井孝宏の直筆アンケート…130

Congratulations!
周年!

2006年7月30日の第一回放送から、10年。
声優・櫻井孝宏が、役を演じる姿とは一味違う姿を
真摯に、愉快にさらし続けた、この番組について
今、改めて振り返り、語ります。
ときに茶化して、ときに真面目に、この思い、届け――

（インタビュアー：おーちようこ　写真：辺見真世）

祝！10

SAKURAI

TAKAHIRO INTERVIEW

櫻井孝宏インタビュー

観ている方々とスタッフに支えられて、10年間ここまで辿り着きました

―番組放送10周年、おめでとうございます。

櫻井　ありがとうございます。観てくださる方々に支えられ、スタッフに逆らわずにやってきた賜物です(笑)。

―これまで番組では、いろいろなことに挑戦されてきましたが、特に思い出深い回は……?

櫻井　入野自由くんがゲストに来た回(#12)で激辛餃子を食べたときは大変でした！　あまりの辛さにコーナーをひとつ飛ばしましたからね。あれはもうトラウマですよ!!(笑)。初めは笑っていたスタッフも「……あれ?」となって、その空気も伝わってきたから「とにかくこの場をなんとかしなくちゃ!」と思ったけど、汗でメイクは取れるし言葉は出ないしで……忘れられません。

―どんな企画内容かは事前に明かされないものなのですか……?

櫻井　台本をもらうまで知りません！　この番組では、僕は完全にまな板の上の鯉ですから(笑)。

―毎回、迎えるゲストも?

櫻井　スタッフにお任せです。でも、番組が縁で話すようになった方もいて、内山昂輝くん(#17)とか、たまに会って「うっちょん」と呼ぶと、一瞬、うーんと考えてから「タカくん!」って思い出して呼んでくれます(笑)。

―『(初笑)！　新春スペシャル』で遊佐浩二さんとの「ギリギリトーク」は大好評だったとか。

櫻井　あのときはもう、包み隠さず全部言っちゃってましたね(笑)。スタッフとの信頼関係ができているので、きっと編集してくれるだろうと安心していたので。その空気がゲストを安心させるのか、ポロリ発言が多い番組でもあります。

―大先輩も出演されました。

櫻井　『(初笑)2！　先輩&後輩ぶっちゃけトークSP』では、まさか井上和彦さんが出ていただけるとは思っていなくて、鬼緊張しました……。矢尾一樹さんは普段からノリが変わらない方なので、ありがたかったですね。

―10年経って、後輩の方も多く出演されるようになりました。

櫻井　潘めぐみさん、大西沙織さん、上田麗奈さんがゲスト(『(初笑)２０１６』)の女子会あるある話は未知の世界でして。今の子たちは朗らかですよ。

―同じ回のゲストだった梶裕貴さんからは、櫻井さんにかけられた言葉に支えられたという心温まるエピソードを語られました。

櫻井　もうね、梶くんに関しては出てもらえただけで嬉しいです。

―それはなぜでしょう?

櫻井　この番組に出るとある程

度、自分のことを話してもらうことになるからです。でも役のイメージを大切にしたいからプライベートを明かしたくない人もいて、それは良し悪しではなく個人のスタンスだから。そのなかでも梶くんはとてもお芝居にストイックな人なので……。番組に出てくれただけでなく、最近買った高いものとか、一緒になった現場での出来事とか、いろいろ話してくれたことがものすごく嬉しかったんです。

——そこは櫻井さんのお人柄も大きい要因ではないでしょうか。ご本人が自ら笑われるというか、オチを引き受けるところが魅力でもあります。

櫻井　それはやっぱり、自分の冠番組ですから。だけど、それがわざと美味しく見えるのはイヤなんです。「またアイツ、自分の番組だからって」と思われたくない。ただ、この番組を始めてから相手に話してもらうには自分も話さなければならないこともわかってきて。だから、いかに自然に話してもらえるかが僕のなかでもテーマになっていて、そこは常に心掛けています。自分をさらした結果、「天然」と言われることもありますが(笑)、「あ、そんなことまで話してくれるんだ」みたいな瞬間があるとすごく嬉しいです。

ひとつの「好き」から広く遠くへ さらに次へと続いていく—— そんなふうに先へと行きたい

——自身のことを語る、という点では同じ『(初笑)2016』で、最近買った高いものは12万円のレコードだと明かされ、驚きました。

櫻井　好きなんです。今、家に4千枚超えるくらいあって……。レコードジャケットにぴったりの棚を買ってきて並べていて、入らない分はレコード専用の収納箱にしまっています。

——4千枚!?　とはいえ、片付けたままでは傷んでしまうのでは。

櫻井　そうなんですよ。だから定期的に端から聴いたりして。その上、日当たりの良い所に置かないとカビちゃうし、でも、あまりにも日が当たると焼けちゃうし。本当に手間がかかるし、デリケートだし、重いし、金はかかるし……なんで俺は集めてるんだ?(笑)

——どんなジャンルがお好きなのでしょうか?

櫻井　60年代から70年代のソフトロックと呼ばれるジャンルが多いですね。当時は楽器の音がペラペラだったこともあって、ヴォーカルのコーラスやハーモニーで聴かせる曲が多くて、有名なのはゾンビーズ(The Zombies)とか。あとは欧米のインディーというジャンル。これが日本に入ってきて、90年代に渋谷系サウンドと称されるフリッパーズ・ギターとかに波及してネオアコ(ネオ・アコースティックギター)と定義され、ギター・ポップとしてブームになったんです。僕はフリッパーズ・ギターが好きで、彼らが聴いている音楽を追いかけたら洋楽にたどり着いて一気に好きになっちゃった。完全に逆輸入です。でもレコードというのは集めだすとキリがなくて……(笑)。

——いつかレコードであふれた櫻井さんの部屋を番組で……。

櫻井　ダメです!　入場料を取ります!!(即答)

——ではゲームをして負けたら罰ゲームでお部屋を披露するとか。

櫻井　あっはっは、僕が負ける前提じゃないですか。いやです。

——残念です(笑)。今、お話を聞くにつれて、自分の「好き」をより広げていく櫻井さんの感性みたいなものが丸ごと番組に表れているのではないかと感じました。

櫻井　そうだと嬉しいです。僕なりに一生懸命やっているので、ひ

TAKAHIRO SAKURAI
INTERVIEW

「あ、そんなことまで話してくれるんだ」
みたいな瞬間がすごく嬉しい。

とつのことが次へとつながって広がることは楽しいですね。例えば、役者の部分ではなくこの番組を観て「声優を目指しました」という人が現れたら愉快です。今、声優の仕事自体の幅も広がっていて、この先、まだまだ成長するだろうし、いろんな場所があっていいと思うから。

——確かに、個を見せていただける貴重な場所でもあります。

櫻井　完全に素ではないですが「自分の色を出すことで会話が広がる」ということはこの番組で学んだし、ラジオのような場所でも役立っています。

年齢を経て得たことがある
自身の変化も受け入れて
全部を大切にしていきます

——改めて10年を振り返ると、どんなお気持ちですか？

櫻井　最近は「櫻井孝宏の番組だから出たい」と言ってくださる方

やっぱり、年齢は重ねたと思います。30代よりは40代の今のほうがおおらかだし、照れくさいと感じることも減りました。

もいて、財産とも言える番組だと思っています。それはやっぱり僕自身が声優のお仕事を続けているからこそ成り立つことなので、今後も大切にしていきたいです。

――ちなみに＃2で井上喜久子さんを迎えた際に「家に調理器具がない」と発言されていましたが……。

櫻井　今もありません！

――＃27では40歳を祝し、結婚についてタロットで占ってもらいました。

櫻井：今も変わりなしで、平穏な日々を送っています。

――新しいお友達を作る企画も多いのですが……？

櫻井　あ……とくに増えたということも………。

――そこも変わらず（笑）。ほかに変わったと感じることは？

櫻井　やっぱり、年齢は重ねたと思います。30代よりは40代の今のほうがおおらかだし、照れくさいと感じることも減りました。あとは以前ならおもしろくないと感じていたことが、いざ番組で話してみると意外とおもしろかったりする……というか、おもしろがれるようになってきていて、視野が広くなったな、と思います。

——その「照れくささ」とは？

櫻井　＃2で喜久子さんが「シャボン玉ソング」を歌いだしたときには戸惑いました。迷いじゃないですが「これ、乗っかるのがあってるのかな？」と考えたり。否定するのは違うし、でも「どこまでツッコんでいいのかな？」とか、経験を積むことで「ここまでいってもいいんだ！」みたいなものはわかってきたと思います。あとは年を取った分、頑固になっているところも見え隠れしていて……。

——頑固、ですか？

櫻井　はい。ちょっとしたことが流せないときがあって……異なる世代のゲストの言動とかに意見を言いたくなる瞬間があるんです。でも、その文化を否定することはしたくない。だから最近は「えっ？」と感じる瞬間があっても「もう少し聞いてみよう」と思うようにしています。

——自身について発見があるということですね。

櫻井　そうですね。さっき視野が広くなったと言いましたが、もっと掘り下げて話を聞いたり、見方を変えることで「おもしろいじゃん」と思える話題が見つけられるというか。それに、これは僕個人の意見ですが、役者に理性や人格を求めるのも違うなと思っていて。お行儀よくやっている番組もつまらないじゃないですか。だからマイナスなことは言わないし、受け入れておもしろがりたいというか。

——その想いが、番組が愛されて続いている理由のひとつかと。

櫻井　だとしたら、それはきっと僕だけの力ではありません。長いこと一緒にやっているスタッフがいるからこそで……それが「10年」という月日なのかもしれません。

——では最後になりますが、本書を手に取ってくださった読者に一言、メッセージをお願いします。

櫻井　これまで観ていてくれた方には生々しい話ですが(笑)、有料チャンネルの放送なので、本当にありがたいです。リアクションをもらえることも励みになります。これからも僕を観てください。この本で番組を知った方には、演じる役のイメージもあるかもしれませんが、一度、僕個人も観てください。そして番組を通じてゲストの方にも興味を持ってほしいです。

——スタッフの方々にも、この場を借りてメッセージを……。

櫻井　なんか、改まって言うのもなんですが……ありがとうございます。10年間、もっと言えば、その前の番組から、いろいろな形で続けてくれていることに感謝しています。特にディレクターの金田さんとプロデューサーの大門さんは同年代なので共通点も多いし、これからも一緒にゆるく続けていけたらと思います。

——締めくくりに、10年後に向けての野望をお願いします。

櫻井　海外に行こうという話があっていつか実現したいですね。モルディブに行こうという計画があったから100回記念とかいいんじゃないかな……その頃、俺、いくつだ？　10年で30回超えているから、あと20年かかるとしてギリギリ50代か……50代の100回記念でモルディブ。うん、悪くない！

10年間応援ありがとうございました。
これからもどうぞよろしく！

THANK YOU

櫻井孝宏の（笑）

全放送回レビュー

＃1(2006.7.30)～＃16(2010.10.31)

Broadcast

Part.1

Broadcast

#1 2006年7月30日

★★★★★★★★★★★

Guest 松風雅也

Ohhhhh----!

Looks Delicious....

記念すべき第一回放送から櫻井さんの天然炸裂!?松風雅也さんを迎えハイテンションでお届け!

第1回目は、いい天気の代々木公園からスタート！　やや緊張気味に進行する櫻井さんのもとへ、後ろからゲストの松風さんが「たかひろー！」と、なぜか六法全書を抱えて登場です。

2人がやって来たのは、素敵な和風のお食事処。「とりあえず、ホッピー！」と松風さん。早速、美味しいご飯をいただく……わけにはいかないのが、この番組。待っていたのはNGワード対決！　自分の頭の上に貼り付いている単語を言ったら負け。一回戦のテーマは「夏」。松風さんの巧みな誘導で、櫻井さんがNGワード

Doki Doki Doki Doki

栄える1回目、
松風には
やられたよ!!

の「すいか」を口にしてしまい、まずは松風さんが華麗に一勝。次のテーマは「修学旅行」。一回戦の反省からか、二回戦はNGワードを口にするのを恐れるあまり、30分以上も会話が続き、早送りに(笑)。櫻井さんが巻き返しを図るものの、これまた松風さんの勝利で料理をゲット。三回戦も松風さんが勝利し、後のない櫻井さん。

そして最終戦。今回は「仕事」をテーマに自身が相手のNGワードを自由書き込むスタイル。櫻井さんが書いたのは「生放送」、松風さんは「名古屋弁」。なぜ名古屋弁?と思っていたら、ここで櫻井さんの天然っぷりが発動。松風さんの「スタートだぎゃ〜!」の掛け声に「なんで名古屋弁なの?」と反射的に突っ込んだ櫻井さんが秒殺!!「いただきまつかぜ!」と松風さんがデザートまでぺろり。

結果、櫻井さんが全敗……。果たして、番組の未来や如何に?

Broadcast

#2　2007年4月29日

★★★★★★★★★★★

Guest　井上喜久子

So Cute ♥

井上喜久子 17歳です

オィオイ

喜久子さん撮影中
隣がしめ次郎です。

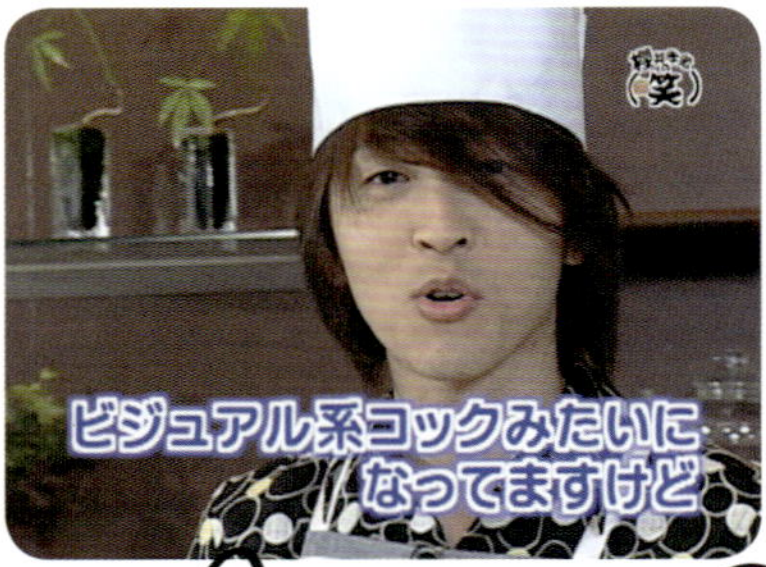
ビジュアル系コックみたいに
なってますけど

Let's Cooking!

「井上喜久子17歳です！」で、お馴染みのお姉さまと「デキる男」を目指し、レッツ・クッキング！

デキる男の定義を考える櫻井さんのもとに訪れたのは、ずばり「お料理でしょう」と断言する喜久子さん。というわけで、今回はハンバーグ作りに挑戦！　2人仲良くハンバーグを作る……のではなく、櫻井さんが独りで頑張ります。喜久子さんは優雅にティータイムをしながら料理の指導係に。しかし「僕、家に調理器具ないですから！」という櫻井さん。心配です。喜久子さんに教えてもらいながら、慣れないお米とぎや玉ねぎのみじん切りに奮闘します。

料理をしながら、喜久子さんが最近パソコンを買ったという話か

ら音楽活動の話題へ。突然「シャボン玉ソングって知ってる？」と喜久子さん。シャボン玉ソングとは喜久子さんが名付けた「生まれては消え、生まれては消えていく」即興の歌のことで、ご自身のライブでも披露されているんだか。戸惑っていた櫻井さんもいつしか喜久子さんのペースに乗せられ、玉ねぎの歌を歌い出したり、一緒に踊り出したりと、実に愉快でにぎやか、かつ自由すぎ！

いよいよ仕上げに〝櫻井オリジナル〟なる未知のソースが登場!? 気になる中身はマスタード＋ナツメグ＋七味唐辛子＋ポン酢。恐る恐る食べた喜久子さんから「美味しい!!」とまさかの絶賛が！

さて、今回のお料理、喜久子さんがつけた点数は？「今、95点。あと5点はキッチンの後片付け。よろしくお願いしまーす」。というわけで「デキる男化計画」は大成功でありました。

Broadcast

#3 2007年7月29日

★★★★★★★★★★★

Guest 下野 紘

Fighting!

Trrrrrr…

yeaaaaaah

後輩の悩みを解決せよ!
先輩の威厳をかけて
いざアドバイス対決……
果たして勝利は誰の手に?

今日の企画は「見知らぬ町で美味しい店を探す」はずが、櫻井さんに突然の電話が入って空気が一変。緊急事態発生!「僕の後輩が悩んでいるんですよ。助けに行っていいですか?」と、後輩の元へと駆け出す櫻井さん。

待っていたのは下野紘さん。その悩みとは〝アキバブームでアニメ作品が増える→仕事が増える→声優が増える〟という昨今、僕らは頼られる先輩らしい助言ができるのか?との悩みを告白。「いや、できるわけないやーん」と開き直る(?)櫻井さん。

そんな迷える2人のために心強

い後輩声優の代表として加藤英美里さん、坂東愛さん、鎌田梢さんが登場。〝素敵なアドバイスをした方が勝ち!〟というわけで先輩力対決の開始です。ちなみに負けたら変身グッズを付ける罰ゲームが待っています。

「先輩に覚えてもらえる挨拶は?」という質問に「語尾にニャーを付ける。ダスでもいい!」と櫻井さん。一方、下野さんは「漫才の後に挨拶!」と漫才を始めるなど、珍回答が続発。「イベントなどの衣裳の選び方は?」という質問では「首輪にチェーン! ファンがご主人様です。あなたの犬ですよ、とアピール」(下野)、「いっそ、着ない!」(櫻井)と、トンデモ回答も!! もはや大喜利です。

結果、猫耳やパイロット、海賊や天使姿といろいろなコスプレを披露したことで、実に素敵な先輩の背中を後輩たちに見せたのでありました。

Broadcast

#4 2007年9月30日

★★★★★★★★★★★

Guest 水島大宙

Sui Sui

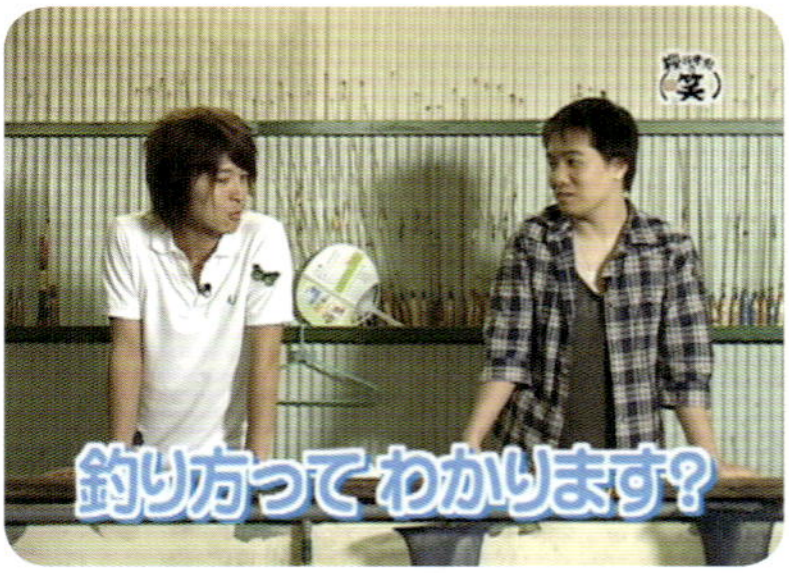

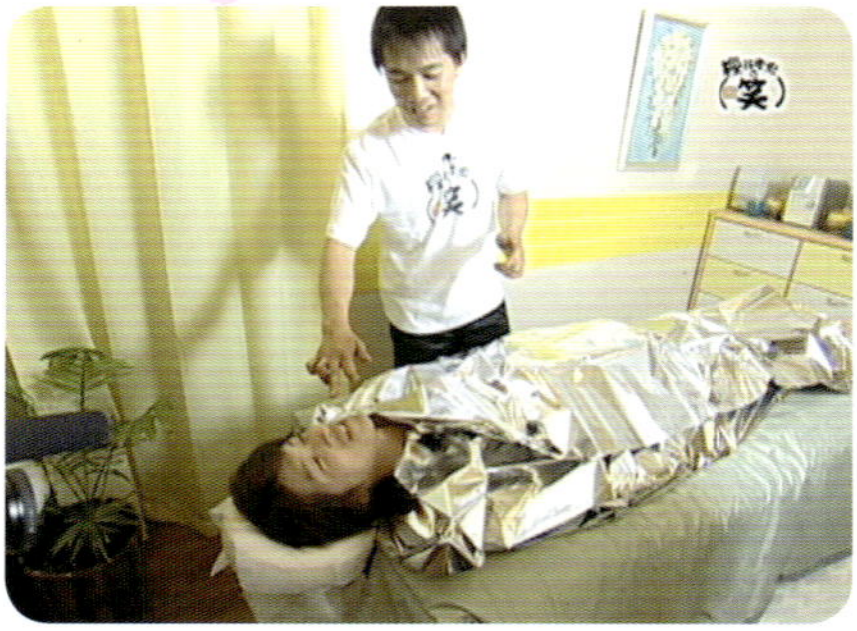

Doki! Doki! Doki!

忙しい男たちにささやかな癒しを。リラックスタイムをお届けします……。

とある街角、同じ地図を手に迷う男達が偶然にも遭遇した。「アナタは……」「キミは……」「タカヒロ……！」。

探していたのは地図にある「イキのいい魚がいるところ」。そんな2人の視線の先には「ツリボリ三軒茶屋」なる看板が。そこは町中で魚釣りが楽しめる場所。のんびり癒やしを求めて釣りを始める櫻井さんに勝負を申し込む水島さん。「いざ、勝負！」と始めたところ、真剣すぎて無言に……。これでは番組が成り立ちませんよ！

まずは水島さんが先に1匹ゲット。「これ、いつものパターンだ

撮影協力：touche

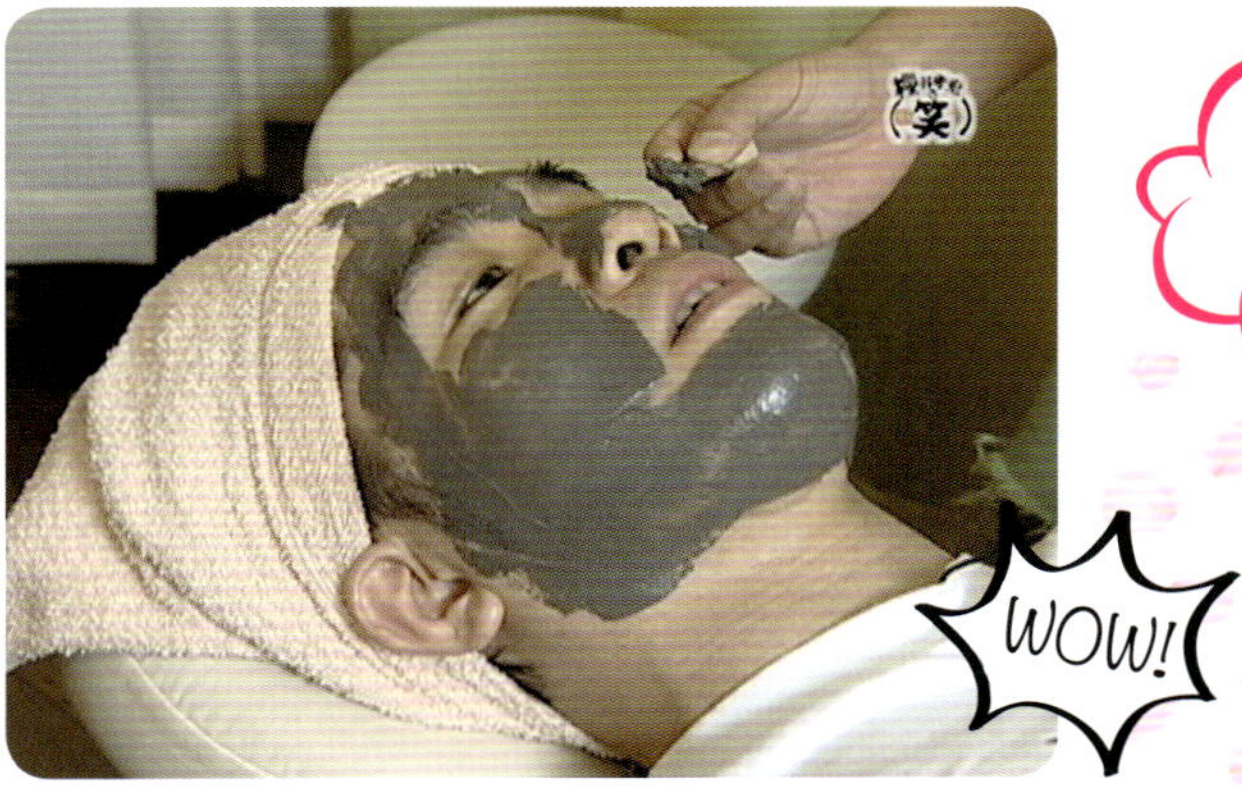

ぞ」というご本人の予想どおり、櫻井さんが負けてしまいました。「お腹がへったね」（水島）「糖分が足りないね」（櫻井）と次に訪れたのは、やはり地図にあった「すごいチョコレートのお店」。しかし待っていたのは身体に塗るチョコ!? なんと、ここはチョコのエステができるのです！ というわけで2人はエステ初体験。

　まず櫻井さんがチョコパックの施述を受けます。スクラブマッサージでは、水島さんも櫻井さんの角質を取るお手伝い（笑）。全身チョコまみれで、シートに巻かれた櫻井さんの姿はかなりレア。続いて水島さんはお顔の泥パックを。「今、泥パックしてるだけなのに抜群におもしろい！」（櫻井）、「マジで!?」（水島）と楽しそう。

　パックの間に、お互いに友達が少ないという悩みを共有した2人は、心身ともにすっきりとして夜の街へと繰り出したのでした。

Broadcast

#5 2008年3月2日

★★★★★★★★★★★

Guest 広橋 涼

Cheers!

撮影協力：駄菓子バー

NGワード対決第2弾！ レトロな駄菓子バーで ミラクルを起こす櫻井さん 熱烈な戦いの行方は……？

この日やってきたのは、オシャレタウン六本木。レトロな雰囲気の建物に一歩入ると、そこには駄菓子の山。そうです、ここはお酒とともに駄菓子が食べられる、駄菓子バーだったのです。

指でこすると煙が出る「ようかいけむりカード」など懐かしい品々を前に童心に返る櫻井さん。

ここで「私、子どもの頃を取り戻そうとして来ました」とゲストの広橋さんが笑顔で登場。なんでも幼い頃にあまり駄菓子を食べなかったそうなんです。

テーブルにつき、子供ビールを頼もうとした広橋さんですが、な

ズーヒル
ギロッポン!

んと櫻井さんは「コーヒー焼酎! 飲みやすくてヤバイから!!」とオーダー。「えー! お酒!? なら、私は電気ブラン」と結局、2人で呑むことに(笑)。

さて今回の企画はまたまた「NGワード対決」! お酒を片手に、秒殺だった松風雅也さんとの#1を思い出しつつ対戦開始。ちなみ今回も罰ゲームあり!

最初のテーマはお店の雰囲気にふさわしく「昭和」で、櫻井さんのNGワードが「ピンクレディー」、広橋さんが「オイルショック」。しかし、開始前にキラキラしたヘアバンドを見て「ピンクレディーみたいだね!」とコメントしていた櫻井さんが早々に撃沈!? まさかの展開に「秒殺以前ですよ!!」と広橋さんもビックリです! 結果、今回も櫻井さんの負け。

罰ゲームとして昭和の名アナウンサー・大谷雅子のモノマネを披露して終わったのでした。

Broadcast

#6 2008年6月29日

★★★★★★★★★★★

Guest 柿原徹也

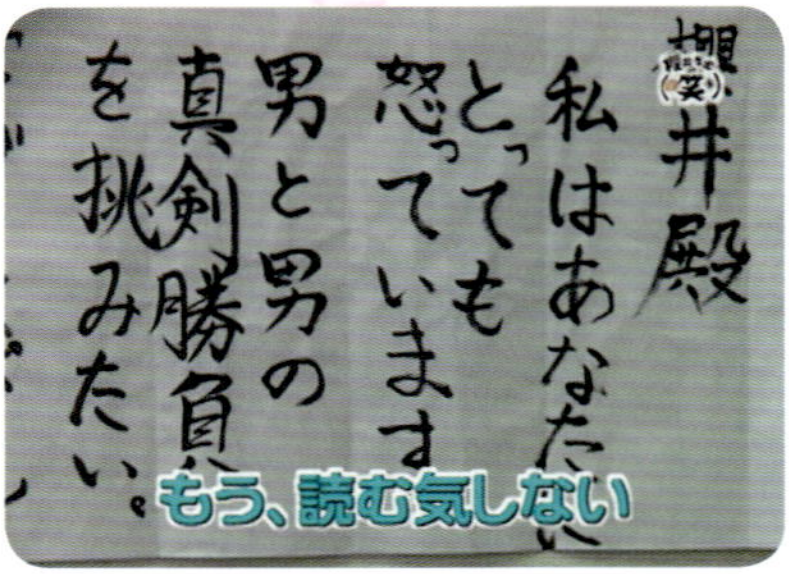

Unicurl!

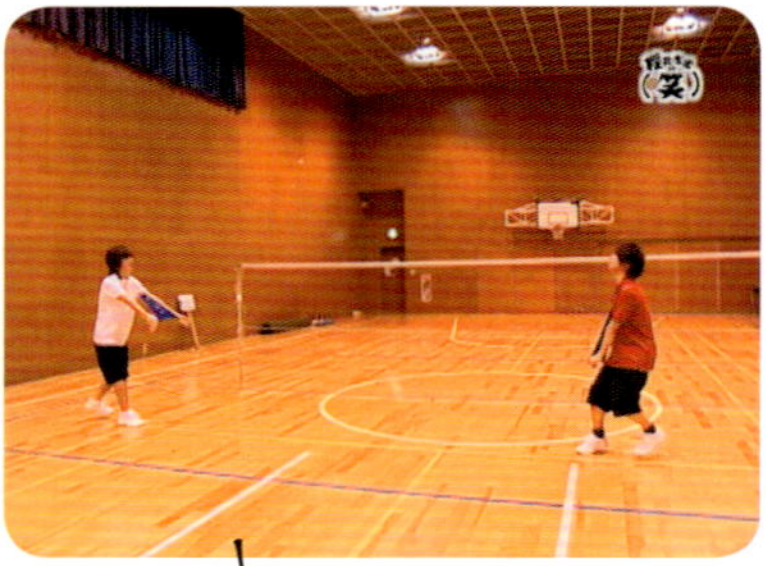

Flingo!

柿原徹也さんから届いた突然の果たし状……インドアな櫻井さんがスポーツ対決に挑戦！

「失礼極まりない!!」と冒頭から怒り心頭の櫻井さん。バシバシと踏みつけるその足元には果たし状が……差出人は後輩の柿原徹也さん。なぜか？　どうやら櫻井さんにお肉を奢ってもらった時に、そのみごとな食べっぷりからどんどん追加で注文され、太ってしまったことに怒っているのだとか。かくして、３種類の一風変わったスポーツで勝負をすることに。

　最初の競技はドイツ生まれで、エプロン上のクロスで球をキャッチボールするという、フリンゴ。あっという間にコツをつかみ颯爽と打ち返す柿原さんと、どうにも

サマにならない櫻井さん。結果、大差で柿原さんの勝ち！ 負けず嫌いの櫻井さん、汗だくになりながら「これは心の冷や汗！」なる迷言も。

続いては、ユニカールと呼ばれる室内カーリングに挑戦。３対３で戦うため柿原さんには後輩のカワイイ女性声優２人が助っ人で登場。一方、櫻井さんにはメタボ気味な30歳と32歳のＡＤさんが加勢し「チーム三十路ーズ」を結成。これがなんと三十路ーズの勝利！

最後の勝負はスピードボール。テニスのウォーミングアップから生まれたスポーツだそうで、初めは楽しそうだった２人もいつしか真剣に。接戦となりましたが、若さと体力で柿原さんの勝利！ 罰ゲームは体育館の後片付け。掃除をしながら、櫻井さんの「ドイツに帰れー！ 二度とスポーツはやらねえぞ、俺は声優なんだー！」という叫びが響き渡ったのでした。

Broadcast

#7 2008年8月31日

★★★★★★★★★★★

Guest 野中 藍

Hoka Hoka

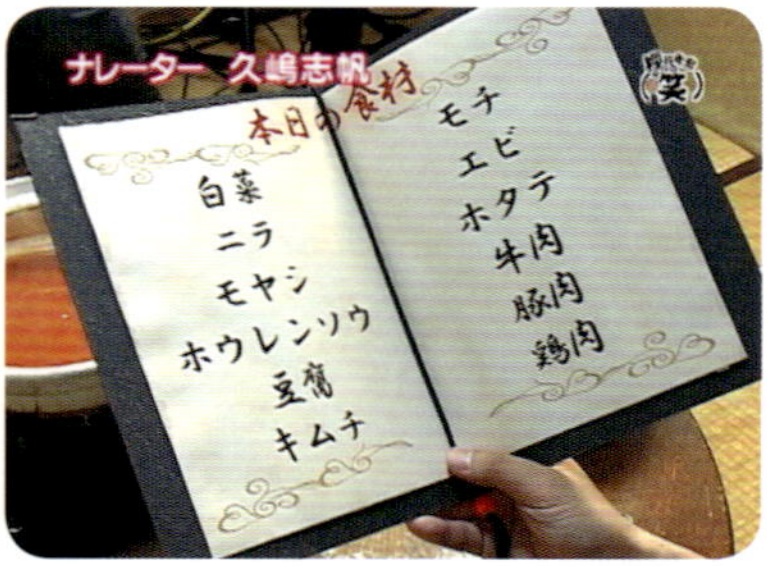

Atsui!

**「納涼」企画を逆手に取り
スタッフがいたずらの嵐！
櫻井さんと野中藍さんの
浴衣姿もセクシー!!**

夏真っ盛りに放送された#7。ゲストの野中藍さんに合わせ、櫻井さんも「人生で2度目」というレアな浴衣姿で登場！

今回のテーマは〝納涼〟。スタッフのもてなしで、2人に涼しくなってもらおうという企画なのですが……。最初のおもてなし〝涼しくなる料理〟が準備されている和室に入ると、そこには湯気の上がる鍋!!「バカじゃないの！」と呆れる櫻井さんをさらに追い詰める、エアコンの設定温度28℃。〝エコ〟の印籠に文句も言えず汗だくになる姿を見て「番組が終わるまでに櫻井さん、溶けてなくなっちゃう

Fura Fura

Yura Yura

心霊写真、ホンモノじゃん！

Dororo——

んじゃ…」と心配そうな野中さん。スタートから不穏です。

気を取り直して、牛肉やホタテなど2人が選んだ食材を使ったチゲ鍋が完成。実は辛いものが苦手という櫻井さんの初告白もありつつ、汗だくで完食します……が、そこに待っていたのは材料費を懸けてのスタッフとの勝負!!「懐が〝涼しくなる〟食べ物ですよね」と急に今回のテーマに結び付けるスタッフに、2人は絶句。

挑戦したのは日本酒の利き酒勝負。酔って戦力外となる櫻井さんをよそに、日本酒好きの野中さんが次々と正解し自腹を免れました。

次のおもてなしは〝涼しくなるお話〟。怪異蒐集家・木原浩勝さんの怪談に2人もドン引き状態に。そこに水鉄砲や女性の叫び声など、ダメ押しをするスタッフ……。野中さんは「なんだここのスタッフは」と思ったことを告白し、現場を後にしました。

Broadcast

#8 2008年11月30日

★★★★★★★★★★★

Guest 鈴村健一

ShuShu! PoPo!

ED 75 775
ED75形式電車機関車（1975年製造）
全国各地の交流電化区間で使用された
交流区間用標準電気機関車

Good!

ED 75 775

撮影協力：鉄道博物館

櫻井&鈴村健一さんが仲むつまじく鉄道博物館へはしゃいで笑って語り合う気を許した素の表情も!?

ある日、櫻井さんの事務所に投げ込まれた紙ヒコーキ。そこには「大成駅前集合!! XYZ（笑）」という一文が……。「このジャンプ世代なメッセージは誰?」といぶかしみながらも、素直に指定された駅に向かう櫻井さんを待っていたのは、プライベートでも仲が良い鈴村健一さん。「一緒に男のロマンを求めに行こう!」と誘われ、鉄道博物館に出発進行♪

「（機関車の形式を表す記号の）〝ED〟は〝イーデンシャ〟の略」など、鈴村さんが独自の解説を始めたり、レトロな車両を見学したりと大興奮。SL機関車の石炭入れ

NICE!!

Shuppatsu Sinko!

服、赤っ！

なども体験して、すっかり童心に返って楽しむ2人。

　ところが、ただ楽しむだけでは許されないのがこの番組！　鉄道の運転シミュレータで駅弁を懸けたゴチバトルが勃発！　まさかの緊急停止をさせてしまった〝パシリ孝宏ボケナス〟（命名：鈴村さん）が自腹決定……。

　櫻井さんが買ってきた駅弁を食べつつ、そもそもなぜ鈴村さんが電車を愛するようになったかという話に。すると「ぶっちゃけ電車のことは何も知らない」と今回の企画の根幹を揺るがす(?)ポロリ発言が。動揺する櫻井さんに『仮面ライダー電王』や、東京臨海新交通臨海線（ゆりかもめ）お台場海浜公園駅のアナウンスなど、鈴村さんは電車にまつわるエピソードを披露します。

　その後、まだまだ遊び足りない2人は、電車ごっこをしながら館内へと去っていきました。

Broadcast

#9 2009年4月5日

★★★★★★★★★★★

Guest 宮田幸季

先輩・宮田幸季さんとのフルーツケーキ作りは奇想天外な行動の連続! さすがの櫻井さんも絶句

今回のゲストは宮田幸季さん。このところ、微妙な味の差し入れをして現場を困惑させるなど、食べ物の趣味の悪さが声優業界で話題になっているという宮田さん。オープニングから手土産として差し出されたのはお菓子と……か、仮面!? 微妙な味のお菓子を仮面姿で食べる櫻井さんと宮田さん、というエキセントリックな光景がしょっぱなから生まれます。

そんな宮田さんとフルーツケーキ作りに挑戦! 意外と順調に進んでいるかと思いきや、生地にフルーツを混ぜる段階で事件が! 宮田さんが突如、台所の隅にあっ

た軽石らしき物体をナイフの柄でガンガン砕き、生地に混ぜ始めます。先輩の乱心を前に、完全に言葉を失う櫻井さん……。

さらに宮田さんは、櫻井さんから誕生日にもらった味噌を加えたり、バナナに名前を付けてかわいがったりと大暴走。一方、櫻井さんもオレンジピールのつもりでオレンジ+ビールを生地に混ぜ込んでしまうなど不安要素満載です!そしてケーキを焼く間に、2人はミックスジュースの食材当てクイズに挑戦。一口飲んだ櫻井さんが「アナタハダレデスカ?」と錯乱する横で、宮田さんは同じものを飲んでいると思えない涼しい表情。しかし、そんな宮田さんを悶絶させたのが完成したケーキ! あまりの味わいに絶句し、宮田さんにも不味いものがあると証明(?)されました。最後に、砕いた石は砂糖だったことを知り、いろいろな意味で安心した櫻井さんでした。

Broadcast

#10 2009年5月31日

★★★★★★★★★★★

Guest 後藤邑子

Ummmm......

俺好みの後藤邑子に

センスがあるのはどっちだ
ファッションコーディネート対決!

さくぴょんの出題
「社会」

ゴトゥーザ様データ④
好きな曲 ブルーハーツ

放送10回目を祝うムードを新たな刺客が吹き飛ばす！愛知県ナンバー1声優はどちらのものに!?

記念すべき放送10回目。オープニングから「尻フェチだと分かった」とおもむろに告白する櫻井さんが高円寺に訪れると、待っていたのは〝ゴトゥーザ様〟こと後藤邑子さん。2人は「愛知出身」「基本メガネ」「声優界オシャレ度トップクラス」と共通点満載。そこで(?)愛知県出身声優ナンバー1の座を懸けた戦いが勃発!!

　最初の対決は、古着屋でお互いのコーディネートを選ぶ「ファッションコーディネート対決」。ゴトゥーザ様にまつわる情報……趣味＝バイク、長所＝酒豪、好きな音楽＝ザ・ブルーハーツなどを知

JaJaJaJa~~~~N!

コーディネートは
こーでねーと

り、「カンペキに男」と太鼓判を押した櫻井さん。敢えて〝自分好みの〟かわいらしいコーディネートをチョイスします。後藤さんは「こんな恥辱は初めて！」と恥ずかしがりつつも……さすが似合ってます！　一方、後藤さんは〝30代のラブリー〟をテーマに、白のオーバーオールやハートのサングラスなど、独特のセレクトで統一。絶望の表情で着こなす櫻井さんをよそに、インパクト抜群のコーディネートで勝利をもぎ取ります。

　最終戦はゲームセンターで「クイズゲーム対決」。次々と正解する櫻井さんの勝利を全員が確信したはずが……結果を見るとなんと2位。1位は人数合わせで参加した櫻井さんのマネージャー!?　後藤さんも3位で、2人は微妙な表情のままエンディングを迎えることに。ファッション対決で勝利した後藤さんがナンバー1となり、リベンジを誓う櫻井さんでした。

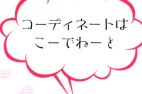

Broadcast

#11 2009年8月30日

★★★★★★★★★★★

Guest 加藤英美里、鹿野優以

若手声優のホープは運を持っているのか!? 笑いの神が降臨しまくりのすごろく運だめし!

今回のゲストは、加藤英美里さんと鹿野優以さん! 声優界のフレッシュスターである2人を迎えた今回の企画は『(笑)オリジナルすごろく』。「競争の激しい声優業界で生き残っていくために必要なのは〝運〟だ!」という櫻井さんの主張のもと、すごろくで運だめしに挑戦します。

先輩の番組で生き残りを懸けた運だめし……若手には荷が重い!? と思いきや、高校時代の友達で、加藤さんが声優を目指すきっかけも鹿野さんが作ったほど仲良しの2人はのびのび自由! スタートした途端に全員が同じタイミング

で「1回休み」のコマに止まり進行がストップするなど、まさかの展開が頻発します。

　さらには、生まれて初めて額に「肉」と書かれる憂き目にあった鹿野さん。同じマスに櫻井さんが止まったので大喜びし「肉」と書きはじめたはずが……書き間違いで櫻井さんの額に斬新な漢字が刻まれる事件も。予測不能の神展開が止まりません！

　ゴールまであと数マスというところでも、すんなり終わらせない3人。「最下位と入れ替わる」に次々と止まり、何度も大どんでん返しが起きるというミラクルが勃発。結果、ギリギリまで最下位だった加藤さんが優勝！　ある意味、3人の運の強さを見せつけることになりました。

　すごろくの合間には、プチコント『(笑)劇場』も披露。櫻井さんの女装姿が惜しげもなく披露された注目回です！

Broadcast

#12 2009年11月29日

★★★★★★★★★★★

Guest 入野自由

fun fun

HABANERO——

撮影協力：ナンジャタウン

仲良しな入野さんとの楽しい時間のはずが……まさかのアレが襲いかかる櫻井さんのトラウマ回!

今回のゲストは入野自由さん。プライベートでは遊園地に行く仲の2人が、東京・池袋のナンジャタウンで「全国の美味しい餃子をたらふく食べたい」企画を開催! 餃子が大好きな櫻井さんと、ナンジャタウンにはよく遊びに来ているという入野さんが、ナンジャ餃子スタジアムの美味しい餃子を賭けて対決します!

まずは、お化け屋敷で入園前と退園後の脈拍の差を競う「心拍数対決」。お化け屋敷が大好きで対戦前から勝ちムードの入野さんに対し、櫻井さんは負ける気満々でしたが、まさかの櫻井さん勝利!

?Arere??

餃子!?
タンクトップ!

なんと、入園前にビビりすぎて既に脈拍が上がりきっていたため、退園後の方が低くなるというミラクルが起きたのです。ゲストを前にひとり餃子を楽しむ櫻井さん、ご機嫌です。

次は実年齢との差で競う「体年齢対決」。反射神経から肌年齢まで測った結果、僅差で入野さんが勝利！　入野さんの美味しそうな餃子をうらやむ櫻井さんに、突如スタッフから〝心を込めた一品〟の差し入れが……。そう、これが後に櫻井さんがトラウマとして語り継ぐ「超激辛ハバネロ餃子」です。一口食べるや汗が止まらなくなり、遂には一旦撮影ストップの事態に！　次のコーナーに移っても汗はおさまらず、上半身はタンクトップに着替え、メガネは（曇るので）外し、見るからに様子がおかしい櫻井さん。入野さんのサポートとご当地アイスで癒され、なんとか番組を終えました……。

Broadcast

SP 2009年12月24日
「もぅ今夜は眠らせないぞーっ！　愛のクリスマスSP」

#13 2010年1月31日放送
「クリスマスはみだし映像編」

Guest 下野 紘、羽多野渉
名塚佳織、日笠陽子、井口裕香

happy

Merry Christmas!

クリスマスイブに放送した初めてのスペシャルは人気声優が6人そろってのギリギリトーク！

番組初のスペシャル番組！ スペシャルにかけて〝SP〟スタイルで現れた櫻井さんをクラッカーで出迎えたのは……下野紘さん、羽多野渉さん、名塚佳織さん、日笠陽子さん、井口裕香さん。豪華ゲストが集合した「いつも寂しそうなクリスマスを過ごしているサクぴょんのための」(名塚)楽しいパーティーがスタートです!!

まずは、クリスマスにまつわる思い出をそれぞれが披露。「パーティーの約束をしてもテンションが上がりすぎて体調を崩してしまう」という名塚さんには、櫻井さんも「今元気でいるということは、

party

佳織のサンタ、良かったな～！

#13

未公開にはワケがある！知りすぎてしまったNGワードバトル!!

未公開映像をお届け。女性陣による「NGワードバトル」では、男性陣の誘導が下手なせいでお互いのNGワードにふんわり気付き、長期戦になってしまった模様を。さらに「ここだけの話」では櫻井さんの若手時代の勘違い話が、全員を震え上がらせます！

あんまり楽しみじゃなかったってこと……？」としょんぼり（笑）。

男性陣による「NGワードバトル」では、負けた羽多野さんがくじ引きでペアになった井口さんも巻き込んで〝恥ずかしい小芝居〟に挑戦。カメラの向こうの恋人に向けた熱演に大盛り上がり！

名塚さんのサンタ服に櫻井さんが夢中になった「櫻井サンタのお便りコーナー」では、視聴者から〝既婚者を好きになってしまった〟という相談が。羽多野さんの「妄想の世界で幸せに暮らす」という斜め上なアドバイスに一同困惑!?

「孝宏櫻井のここだけの話」では〝声優業界のここがイヤ！〟〝絶対譲れない恋人の条件〟などをテーマに生々しいトークが炸裂。その空気に流されて、日笠さんの恋愛トークも熱くなったほど！

話し足りない6人は、櫻井さんの号令で2次会の吉野家（！）に向かうのでした。

Broadcast

#14 2010年5月30日

★★★★★★★★★★★

Guest 松風雅也、仙台エリ

今回はMC松風雅也さん！ 櫻井さんと仙台エリさんが素知らぬ顔をして嫌いな食べ物を食す!?

祝HD化記念ということで、今回はゲストが2人登場。ひとり目は、#1のゲスト・松風雅也さん。今回の企画は、どこかで見たことがある(?)「食べず嫌い対決」ということで、もうひとりのゲスト・仙台エリさんが櫻井さんの対戦相手に！ 松風さんは司会進行を担当します。

初対面の櫻井さんの第一印象について仙台さんは、ラジオで自分のことが話題になったときに「誰それ」と言われたことがあると指摘。対決前から暗雲もくもくです。

早速一食目からじっとりと仙台さんの食べる姿を眺める櫻井さん。

松風、
また来たな！

Yeaaaah!

仙台さんも負けずに一挙手一投足をチェック。〝セロリとイカの黒胡椒炒め〟を食べる櫻井さんが何やら怪しい様子であることを指摘すると、松風さんも「見たことない顔してる」とびっくり。果たしてこれは作戦……!? その後も仙台さんが中トロ、櫻井さんがイクラを選んだ寿司対決で、先攻の仙台さんとまったく同じ食べ方をする櫻井さん。策士・櫻井の攻撃に仙台さんも警戒モードを強めます。

答え合わせでは、櫻井さんの怪しい動きがカムフラージュだったことが発覚！ 櫻井さんの嫌いな〝ココナッツチョコレート〟は見破られず。逆に仙台さんが嫌いな〝オクラと湯葉のおひたし〟は見破られます。手ごわい！

「ちょっとだけよ～❤」と罰ゲームでカトちゃん姿を披露した仙台さんと、それにショックを受ける2人をいつもより鮮明に映し、初のHD撮影は終了しました。

Broadcast

#15 2010年8月29日

★★★★★★★★★★★

Guest 鈴木達央

一芸があればモテるはず!? モテマジックを懸けた皿回しやパントマイムで鈴木達央さんと真剣勝負！

櫻井さんが気になる〝あること〟を解決しよう！ という今回の企画。その〝あること〟とは……モテ期!! 「3回あるはずのモテ期がまだ1回も訪れていない！」と暴れる櫻井さんのもとにやって来たのは、声優界きってのイケメン鈴木達央さんです。

「ここ3日間、2時間しか寝てません」（櫻井）、「二日酔いです」（鈴木）と既に疲れたオーラを漂わせる2人。必要なのは〝一芸〟だと気付くと、櫻井さんは平泉成さん&大滝秀治さんのモノマネ、鈴木さんは櫻井さんの似顔絵（そっくり！）を披露！ しかし、どうも

Kira

Kira

Mote?

Mote?

まだ
モテたい！

JA—N!

しっくりこなかった2人は、「モテモテ」パフォーマー・ごっちくんを訪ね、モテマジックのタネを懸けたレッスン対決！

　ひとつ目のレッスンは「ジャグリング」。ジャグリングの中でも初心者がトライしやすい「皿回し」に挑戦します。いきなり「フィーリングでお皿を回してみましょう」と乱暴なごっちくんに戸惑いながらも意外とスムーズに習得する2人。しかし、次の「バルーンアート」のレッスンでは、バルーンを膨らますこともできず、ねじる作業も怖がりまくる始末……。なんとかバルーンでうさぎを完成させます。最後は「パントマイム」。持ち前の演技力で櫻井さんは「壁」、鈴木さんは「ロープ」のパフォーマンスを見事成功させます！

　対決の結果は、なぜかカメラマン・下茂さんが判定。勝者の櫻井さんは、教わったモテマジックで鈴木さんをメロメロにしました❤

Broadcast

#16 2010年10月31日

★★★★★★★★★★★

Guest 大原さやか、新井里美

**櫻井さんのもとに届いた
まさかの〝訴状〟！
声優裁判で驚くべき真実が
次々と浮き彫りに!?**

裁判員制度も開始したばかりのある日、櫻井さんのもとに届いたのは……訴状!?　「原告は被告・櫻井孝宏に対し、数々の迷惑を被っている」なる訴えの送り主は、大原さやかさんと新井里美さん！　しかし櫻井さんも負けてはいません。「私もお2人の悪事の数々はたくさん見て参りましたよ！」と応戦し、〝声優裁判〟開廷です！

最初の訴えは新井被告の「アフレコ現場占拠罪」。食べることが大好きな新井さんが食べ物を持ち込みすぎて現場を困惑させていることを、マネージャーも登場して訴えます。が、本人の必死の反論

Yuzai?

Muzai?

kuri!

Mochi!

この時履いてた
銀の靴、
お気に入りです

Ummm........

によりなんと無罪に!!

次は大原被告の「偽大和撫子疑惑」。美しくおしとやかだと評判の大原さん。しかし、通常では考えられない具材(餅・甘栗)を入れた"異物混入カレー事件"や、ガラスのコップを拭くだけで割ってしまう怪力疑惑で……有罪に!

最後は、櫻井被告の「声優モラルハザード罪」。遅刻の9割をタクシーのせいにするという訴えにはまだ反抗的な姿勢を見せていましたが、独特のファッションセンスが女性スタッフに不評というマネージャーからの証言にはしょんぼり。さらに仲の良い声優さんからの「ラジオの収録時間に楽しく買い物していた」などの証言もダメ押しとなり……有罪に!

最も罪深い人物に選ばれた櫻井さんは謝罪会見を実施。大原さんと新井さんは、ゴシップカメラマンばかりに謝罪する櫻井さんの姿を(ケータイで)激写しました。

櫻井孝宏の（笑）
メイキングショット集 Part.1

#33 Making

収録現場の舞台裏をご紹介！

たくさんのスタッフで真面目に和気藹々と撮影中。画面の中よりも少しリラックスした表情がまた魅力的！

Happy
10th
Anniversary

Makig shot Collection

櫻井孝宏の（笑）

全放送回レビュー

（初笑）！新春スペシャル(2011.1.2)～＃33(2016.4.30)

Broadcast

Part.2

Broadcast

SP **2011年1月2日**

「（初笑）！ 新春スペシャル」

★★★★★★★★★★★

Guest 遊佐浩二、小清水亜美、MAKO

櫻井さんがピンクの袴でお正月から大暴走？ 華やかなすごろくとピー音満載トークでお届け

櫻井さんの書初めでスタートした初のお正月特番！ 書かれた文字は「角（つの）」の一文字。その心は〝兎に角（とにかく）（※2011年はうさぎ年）、がむしゃらに頑張っていきたい！〟。素敵な抱負とともに新年スタートです。

小清水亜美さん、MAKOさんがゲストの「声優すごろくグランプリ」は、小清水さんが冒頭から「（年末は）宇宙に行ってきました」と不思議な空気を振りまきます。MAKOさんが恥ずかしいエア料理を披露したり、小清水さんがウサギの耳をつけたりと、終始賑やかに進んでいましたが、優勝した

ワインオープナー
ありがとう
ございました！

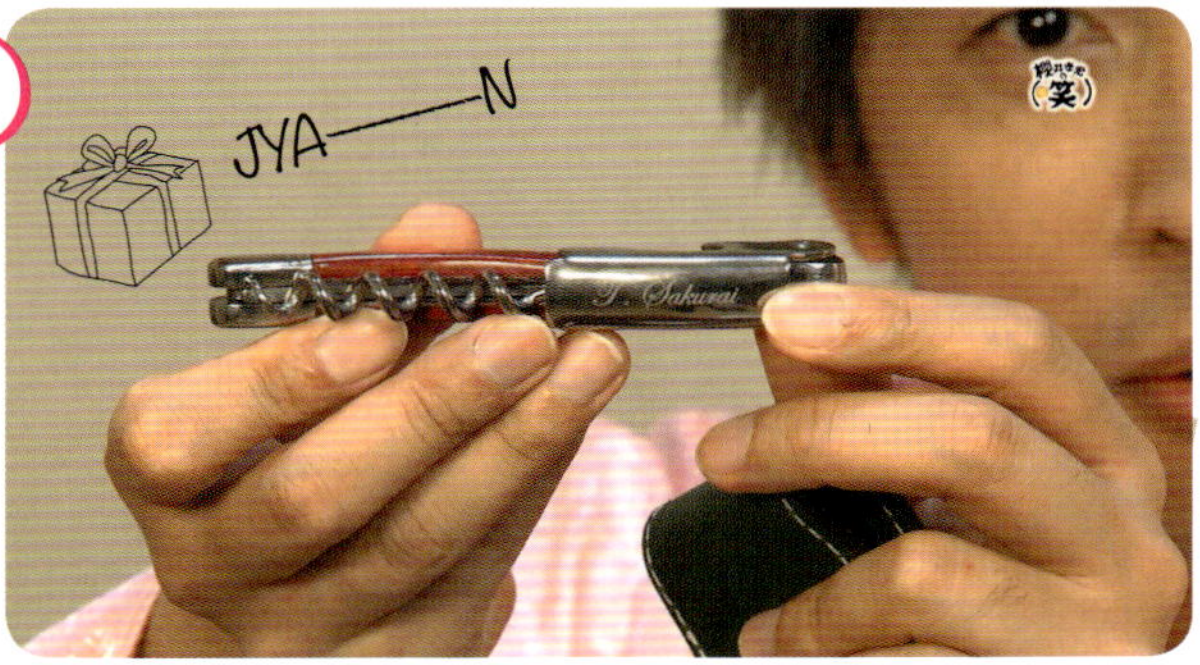

MAKOさんが負けた2人にキス顔披露を指示！ ノリノリで披露する櫻井さんの影で、策士の小清水さんはそっと難を逃れました。

後半は、遊佐浩二さんをゲストに「2010年俺たちの重大事件簿」を発表！ それぞれ1位に選んだのは「おばあちゃんの役ゲット」（櫻井）、「プレゼント、宙に浮く」（遊佐）。遊佐さんの回答のワケは……予定してた「ダンディズムを語る」企画に合わせ、櫻井さんのために高級ソムリエナイフを用意していた遊佐さん。しかし急遽企画が変わりプレゼントも宙に浮いた、というもの。優しい遊佐さんは櫻井さんにプレゼント！

テンションの上がった櫻井さんは、せっかくの機会だからと先輩・遊佐さんに「最高のギャラ」などグイグイ質問。遊佐さんも「放棄して帰りたかった仕事は？」と応酬するなど、ピー音だらけの新年一発目となりました！

Broadcast

#17 2011年5月29日

★★★★★★★★★★★

Guest 内山昂輝

人見知りの櫻井さんはハイパー人見知りの内山昂輝さんとの仲を深めることができるのか!?

声優界1、2を争う人見知りの櫻井さんは、果たしてゲストと友達になれるのか……!? 今では定番企画になった人見知り克服企画「友達プロジェクト」の初回。櫻井さんが〝自分以上のハイパー人見知り声優〟と認定する内山昂輝さんがゲストです。

内山さんは現役大学生(当時)と、世代もまったく違う2人。一緒になった仕事の場でもほとんどしゃべらず、櫻井さんの第一印象についても「人にそんなこと思わないですもん」とそもそも興味がない様子。これは手ごわそう! そこで、まずはニックネームを決め

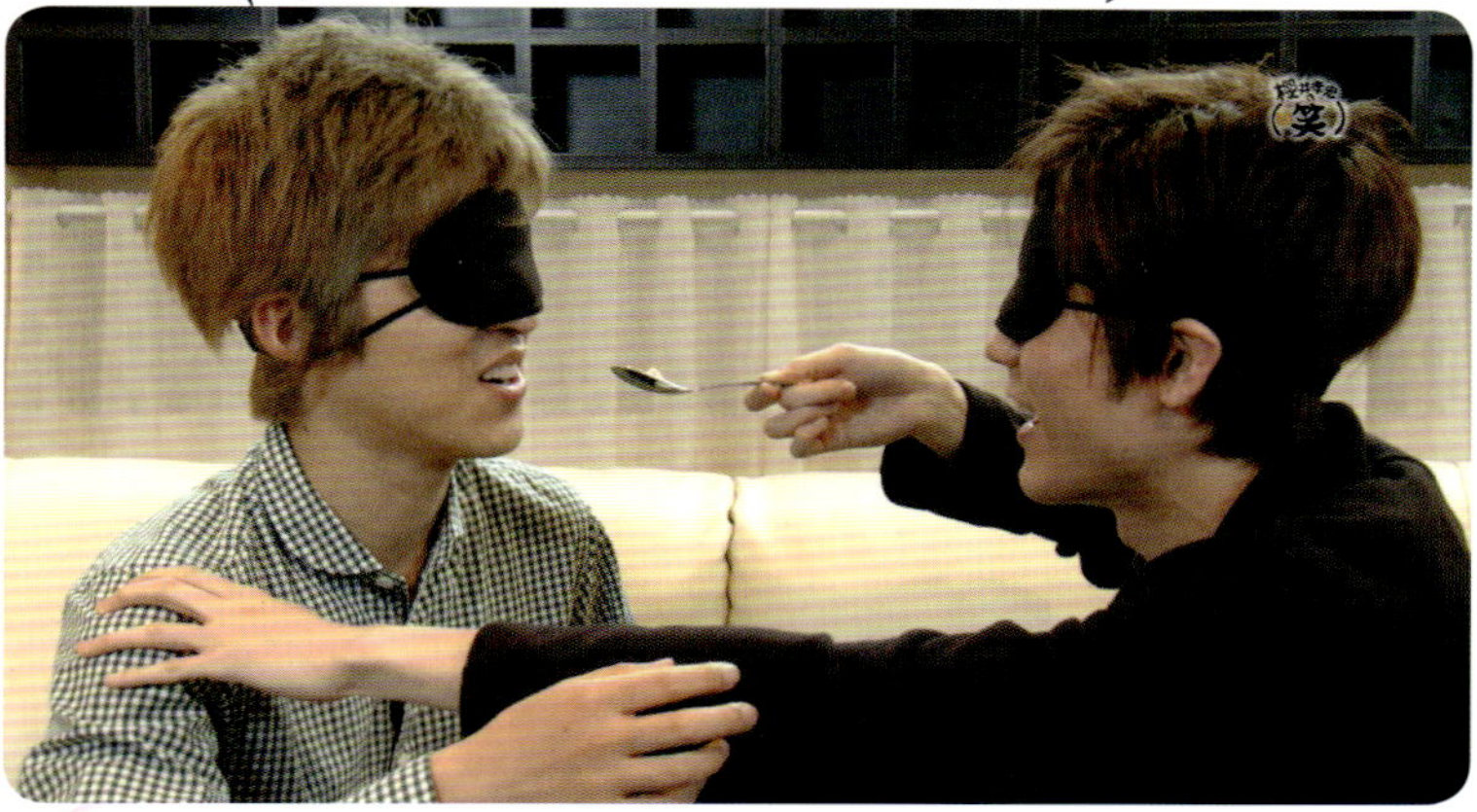

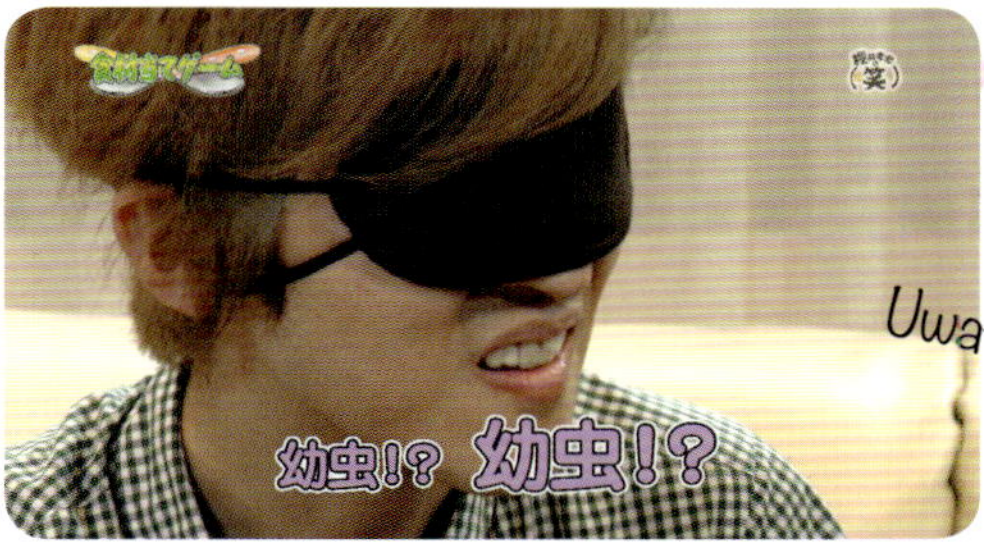

るところから開始。〝うっちょん〟〝たかくん〟に決定したものの、なかなか呼べないさすがの2人（笑）。一生懸命呼び合います。

　次のステップ〝相性診断〟では、内山さんが「家で観るのは小津安二郎映画」「マイブームは蕎麦湯」など独特の回答を連発。極め付けの「そしゃく音フェチ」には櫻井さんも「ド変態」とツッコみを入れ、距離も近づいてきた……？

　次は〝2人ぼっちの合コンゲーム〟。合コンの定番・山手線ゲームや食材当てゲームを2人でやっているうちに意外と盛り上がり、最後は協力し合えるまでに成長！

　仲良くなってきたところで、最後のステップ〝オープニングの撮り直し〟。最初のぎこちなかったオープニングを、（違和感たっぷりに）賑やかにやり遂げた2人はグッタリ……。次に現場で会ったときは〝うっちょん〟〝たかくん〟と呼び合う約束をしたのでした。

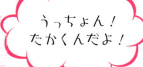

Broadcast

#18　2011年7月31日

★★★★★★★★★★★

Guest　小見川千明、金元寿子

Kawaii♡

Fake Sweets

声優戦国時代に突入！メガネキャラだけでは心許ない櫻井さんが乙男声優にキャラ変!?

オープニングから元気のない櫻井さん。「最近、空前の声優ブームなんだよ……俺、キャラ薄くね？」。新しいキャラ設定が欲しい、と悩む櫻井さんのために「乙男（オトメン）声優」計画を実行！〝乙男〟とは、乙女な趣味や嗜好を持つ男性のこと。ならば乙女に教えてもらうしかない！　と、小見川千明さん、金元寿子さんの女子会に乱入。乙女度満載〝フェイクスイーツ〟作りに挑戦です♪

フェイクスイーツとは、本物のお菓子のようなクラフトのこと。今回はクレイパティシエールの氣仙えりか先生に指導してもらいま

乙女には
なれなかった…。

Niko Niko

Dekiagari――!

す。早速、本物のお菓子作りにも使われるような道具を片手に、デザートプレートを作り上げていく3人……乙女度が高いです!!

合間には「乙女だらけのジェスチャーゲーム」を。的確なジェスチャーで正解に導く櫻井さん。一方、小見川さんのジェスチャーはなかなかの個性派。もはや「もっと見たい」と、敢えて正解を答えないレベルに……。

そうこうしている間にフェイクスイーツが完成。小見川さんの作品「さくらいさん」は〝大人のエロスと愛〟を表現したというカラフルなプレートで先生も大絶賛。「空」をイメージした金元さんの作品も、プレートに物語があると高評価をもらいます。しかし、櫻井さんの「海」をテーマにした作品は、そのシンプルさから「乙女度は一番低い」という評価に……。「俺に乙男は無理」と新キャラ設定を断念して今回は終了～。

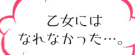

Broadcast

#19 2011年10月30日

★★★★★★★★★★★

Guest 寺島拓篤

東京ドイツ村ではしゃぐメガネ男子声優２人 急遽メガネキャラを懸けた本気の勝負に！

　初のロケバス撮影で、テンションも上がりっぱなしの櫻井さん。やって来たのは自然豊かな東京ドイツ村（千葉県）。ゲストは〝声もキャラもかぶってる〟と話題（!?）の寺島拓篤さんです！

　早速、千葉の名産・落花生の収穫体験を。珍しい落花生畑にテンションが上がった櫻井さんからは平泉成さんのモノマネも飛び出します。大盛り上がりの収穫後、初めて生の落花生を食べた寺島さんの感想は「？」。やっぱり茹でて食べた方が美味しいそうです！

　次の体験はアーチェリー。せっかくならメガネキャラを懸けて勝

VS

撮影協力：東京ドイツ村

ワク・シモ（笑）

負しようという寺島さんの提案で、急遽本気の対決に！　結果、見事命中したのは寺島さんだけ……。約束通りメガネを没収された櫻井さんは、土下座で泣きのもう一勝負を懇願。パターゴルフで決着をつけることに！

ゴルフを〝観る〟のが好きで、ルールにも詳しいけれど上手なわけじゃない寺島さんと、思い切りの良さだけでプレイする櫻井さんの勝負は、泥仕合状態。僅差で挑んだ最終コースで、寺島さんは、突然「ゴルフの神」を呼ぶ舞を披露。召喚されたのは……ゴルフが得意な音声・ワクさん！　ですが、思いのほか活躍せず……。対抗して櫻井さんもカメラマン・下茂さんに無茶ぶりしますが、同じく地味な結果に……。結局、ギリギリで櫻井さんが勝利し、メガネも返却！　ドイツビールと落花生を両手に抱え、ご機嫌で帰路につくメガネ男子声優2人でした。

Broadcast

SP **2012年1月1日放送**
「(初笑)２！ 先輩＆後輩ぶっちゃけトークSP」

★★★★★★★★★★★

Guest 井上和彦、矢尾一樹、田村睦心

Amazing!

２０１２年最初のゲストに 大大大先輩が来訪！ 緊張で汗だくの櫻井さんが 超必死でおもてなし!?

お正月特番も2回目。日笠陽子さんの「てへぺろ」流行に触発された櫻井さんが、２０１２年の抱負に「流行語を作りたい！」と熱く語りスタート。今回は「先輩＆後輩ぶっちゃけトークSP」です！

ド緊張をする櫻井さんのもとに訪れたのは大先輩の矢尾一樹さん。個性派ファッションが理由で若い頃に叱られたエピソードや、数々の酒豪エピソードなど、ざっくばらんに語ってくれますが、緊張で汗が止まらずジャケットを脱いでしまう櫻井さん！ そこに合流した後輩の田村睦美さんは書道で準師範の腕前を持つそうで、矢尾さ

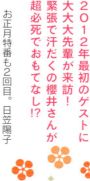

緊張して吐き
そうでした（汗）

んの一声で今年の抱負を〝漢字一文字〟で書初めすることに。田村さんの美しい「楽」の字に触発された矢尾さんは、まさかの「YAO」をしたためます……さすがです！櫻井さんは〝もう一花咲かせたい〟という想いを込めて「花」。その後は、田村さんが苦手だという「笑いの芝居」の相談を。櫻井さんが養成所時代に教わったテクニックに、矢尾さんも感心！

最後にやってきたのは、矢尾さんも憧れたという大先輩の井上和彦さん。2人でじっくり語りはじめると、番組ではあまり出てこない声優の現場の話に。普段は仕事の相談をしないという櫻井さんからの相談に、井上さんも自身の経験に基づいたアドバイスを。櫻井さん、完全に後輩の表情です！

最後に「今年はいっぱい遊びたい」という井上さんと飲みに行く約束をして終了。ホッと一息つく櫻井さんでした。

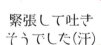

Broadcast

#20 2012年4月29日

★★★★★★★★★★★

Guest 森久保祥太郎、儀武ゆう子

Congratulation 20 times

放送20回を記念した櫻井さんが主役の回！友人たちから情報を集めたプライベートクイズ出題！

なにやらいつもと雰囲気の違うオープニング。前身番組『櫻井探偵事務所』でアシスタントをしていた儀武ゆう子さんがMCを担当します。そう、今回はレギュラー放送20回のアニバーサリーということで、主役は櫻井さん！「こんなに続くと思ってなかった」と感慨深げに語るその素顔を徹底解剖していきます!!

　特別ゲストはプライベートでも仲の良い森久保祥太郎さん。早速、「最初は大嫌いだった」という出会った頃のいけすかない櫻井さんや、車の中で2時間語り合った熱い思い出、そして約束していたキャッ

ギブミー、
ショウミー！

チボールがまだ実現していないことなど、あふれんばかりの櫻井さんエピソードを披露。2人の仲の良さが伝わります！

そんな森久保さんと櫻井さんを解答者にした「大スター☆櫻井孝宏 徹底解剖クイズ！」では、櫻井さんの友人や視聴者から情報を集めたプライベートクイズを出題。養成所時代の友人Kさんからは、人見知りをして食堂ではいつもひとりでご飯を食べていたという櫻井さんの不思議な習慣〈ペットボトルで箸を濡らす〉を出題。さらに声優友達の鈴村健一さんは、若い頃に櫻井さんの家で見たうさぎが怖かったという謎のエピソードを披露。あまりのディープな出題内容にお手上げ状態の森久保さんは珍解答を連発。奇跡の正解もあり、大盛り上がりとなりました。最後に「30回、40回と記念の回を迎えられるようにがんばっていきます」と誓う櫻井さんでした。

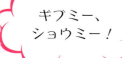

Broadcast

#21 2012年7月29日

★★★★★★★★★★★

Guest 真田アサミ、明坂聡美

櫻井さんが就活！内定ゲット目指して人事担当者との模擬面接に挑んだ結果は……!?

「内定の取り方を教えてほしい」という視聴者からのお便りにより就職活動体験に挑戦。真田アサミさん&明坂聡美さんとともに学生の就活をサポートする「就活塾」に向かいます。講師のお名前はなんと池田秀一先生！「3倍速いやつですよね!?」などといじりつつ、就活未経験の3人はまず基礎を教わります。エントリーシート対策の講義では、「あなたをモノに例えると？」という難問に、櫻井さんが「6色ボールペンのあんまり使わない色」と回答。その心は「特殊な色こそ時々光る。ないと寂しい」とのことで……。「自己認識が

できている」と池田先生から誉められました。

一通り基本を伝授してもらった後は、いよいよ面接にチャレンジ。面接官を務めるのは大手企業の本物の人事担当者！ 特にコチコチな櫻井さんは「自分、名前の通り大輪の桜の花をいっぱい咲かせたいと思いまして面接にうかがいました」と誰もいないところを見据え自己紹介。続いて「10年後、自分がどうなっていたいと思いますか？」との質問に明坂さんは「生きていたいです」との答え……こんな面接見たことありません！

最終的に内定をゲットしたのは、自己分析能力を評価された真田さんと、好きなことに打ち込むエネルギーを評価された明坂さん。櫻井さんは「目を見てもらえない」ところなどが仇となり、ひとり不採用に！ 「意思疎通に至らなかった」という面接官からの決定打にガチへこみの櫻井さんでした。

Broadcast

#22 2012年9月30日

★★★★★★★★★★★

Guest 杉山紀彰

Japanese please.......

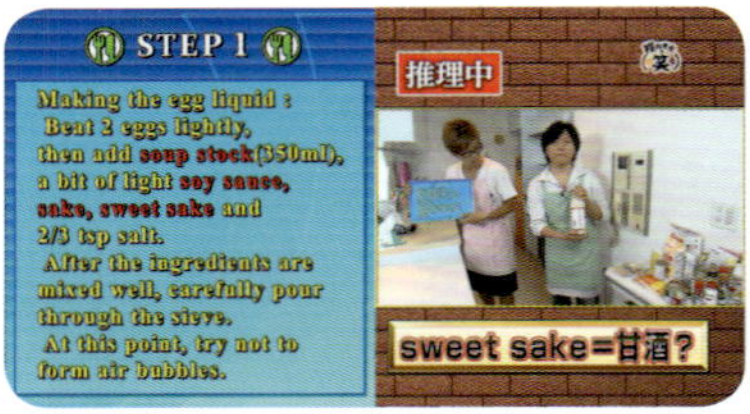

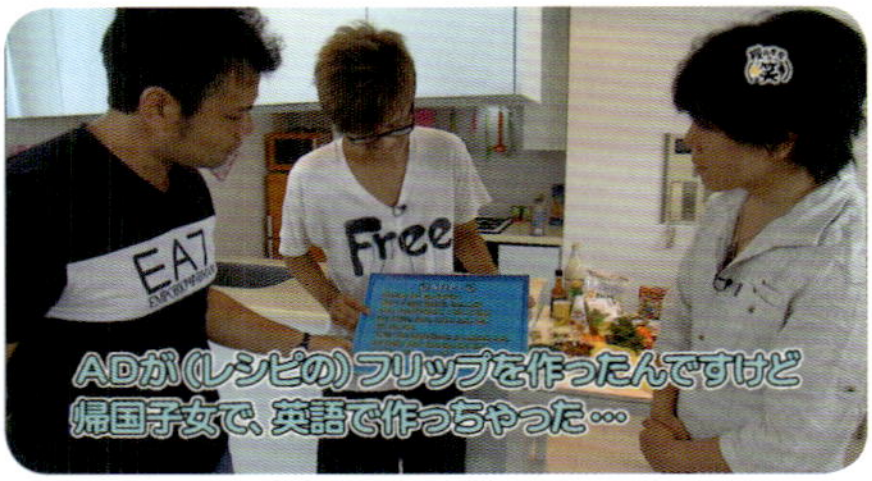

英語のレシピを元に料理を作れ！（笑）流お料理企画に櫻井さんが大苦戦!?

杉山紀彰さんを迎えての料理企画。ただ料理するだけではおもしろくないということで、「何を作るのか伏せた状態で、用意されたレシピと食材を頼りに料理を作る」とのルールが設けられます。ところが帰国子女のADがレシピのフリップを英語で作るというトンデモ事態が発生！「日本語に作り直して！」と櫻井さんが怒るも、ADは「（日本語）ワカリマセン」と平謝りするばかり。仕方なく、櫻井さん＆杉山さんは英語のレシピを見ながら進める羽目になるのでした……。という茶番から今回の企画がスタート（笑）！

sweet sake?
?

?
honeywort?

Tシャツが
フリーになることを
予言!?

料理も英語もさっぱりな櫻井さんは、「SAKE（酒）」を「セイク」と読むなど、レシピを見てもなんのことやら理解できず。一方、杉山さんは料理が得意なだけあって、さすがの推理ぶりを見せます。わからないところはモノボケをすることでヒントがもらえることになり、体当たりのモノボケ合戦も展開。「honeywort」という謎の単語に悩んだ杉山さんが三つ葉を使ってモノボケするも、その単語の意味が三つ葉だと教えられ、あまりの奇跡にビックリ――などという一幕も。そんな紆余曲折を経て完成したのが杉山さんの予想していた通りの茶碗蒸し。やや水分多めだったのは「sweet sake（みりん）」を甘酒と間違えたため!?「うまい」と言いつつ「ちょっと甘いかな……」と本音ポロリの櫻井さん。それでも杉山さんは満足げで、櫻井さんもホッと一安心の結果となりました。

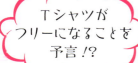

Broadcast

SP 2013年1月6日
「(初笑)3！ 激論？ 新春トークバトルSP」

Guest 野島健児、前野智昭
甲斐田裕子、藤村 歩

Happy New Year! 2013

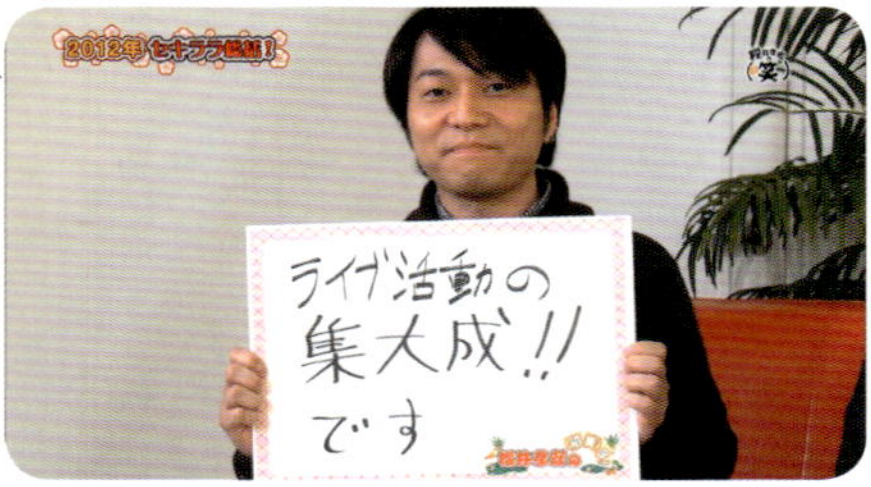

女子チームと男子チーム ディベート企画で まっぷたつ!? 〝愛〟についてガチ激論！

野島健児さん、甲斐田裕子さん、藤村歩さん、前野智昭さんを迎えての新春スペシャル。

前半ではひとりずつ「2012年のセキララ総括」を発表。なかでも、前野さんが中国でプレゼントされたというチャイナ服について、櫻井さんは「着たい！」と興味津々。ジャケットを脱いで露わになったタキシード柄のTシャツに総ツッコミを受けつつも、チャイナ服が着られてご満悦でした。櫻井さんは「3年ぶりのダイビング」と題し、初島で撮った写真を披露。ところが写真が暗く「お台場じゃないの？」とあらぬ疑いをかけら

Pati

Pati

Pati

Pati

Wan!

服装を
いじられ
まくりました

Ahahahahaha

hahahahahahahahahaha

れたのでした。

後半では「どっちのディベートSHOW!」と称したトークバトル。あるお題について二手に分かれて激論を交わし、判定員が心動いた方を選びます。特に盛り上がったのは「結婚して幸せになれるのは、A・相手を愛する／B・相手に愛される」というお題。前野さんが判定員となり、Aを櫻井さん&野島さん、Bを甲斐田さん&藤村さんが選ぶという、男女が分かれる結果に。櫻井さんは「本当はBだけどAでいたい」と前置きしつつ、「本当に愛せる人が相手であれば幸せかなと」と熱弁。結局、前野さんはAを選んだものの、「当たり前に愛されてきたからじゃないですか?」「愛されたいわ!」と吠える藤村さんに一同爆笑!

最終的に、藤村さんを最優秀賞に選んだ櫻井さんは「コメントが鈍器というより刃物」と的確(?)な例えで称えたのでした。

Broadcast

#23 2013年3月31日

★★★★★★★★★★★

Guest 興津和幸

新たな友達を作るために櫻井さんが奮起！テーマトークで２人の距離は縮まるか!?

ゲストと友達になることを目指すという企画で、櫻井さんも誰が登場するか知らないまま収録がスタート。シルエットで現われ、ヘリウムガス声でしゃべるゲストに、初めは櫻井さんもまったく見当がつかず。ところが、交わした会話の内容をヒントにして……ついにその相手・興津和幸さんが登場！最初にお互いの仲良し度を発表してみると、興津さん20％に対し櫻井さんは３％という衝撃の結果になり、興津さんはショック！

そんな２人が仲良くなるために、興津さんが好きなものと苦手なものが混じった８つのテーマから、

Ummmm...

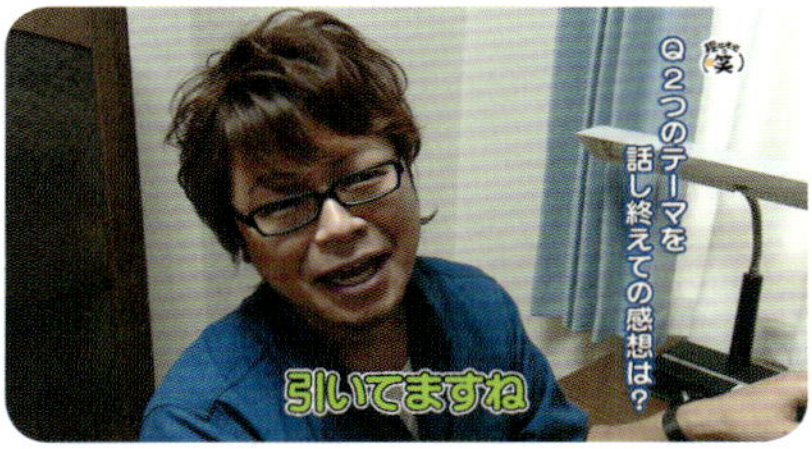

Ummmm...

あれから年1で
メールしてます。

好きそうなものを櫻井さんが選んでトークすることに。「ギャル」というテーマでは、アメリカンなビキニを着ているようなムチムチギャルが好きという興津さんに、櫻井さんは若干引き気味。

後半戦では、櫻井さんが興津さんの苦手なテーマ「蝶」を引いてしまい、雲行きはますます怪しくなります。子供の頃に蝶の幼虫を潰してしまったことがあって、それ以来、幼虫が苦手なのだとか。続いてのテーマ「怪獣」ではモスラ（蛾の幼虫がモデルの怪獣）のソフビを嬉々として披露。「これは平気なの（笑）!?」と、ますます興津さんのことがわからなくなる櫻井さん……。しかし、怪獣から「ウルトラマン」の話題になった途端、櫻井さんもノリノリに！

櫻井さんいわく「男の中に〝男の子〟が見える瞬間が好き」とのことで、最後にはめでたく友達になれたのでした。

Broadcast

#24 2013年6月30日

★★★★★★★★★★★

Guest 小林ゆう

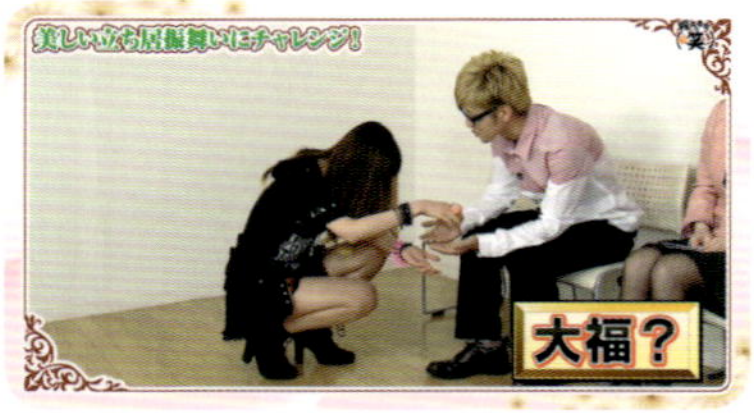

櫻井さん&小林ゆうさんが マナー教室でお勉強! 見事な成長ぶりに 先生もビックリ!?

#21での模擬就活に失敗し、へコみまくった櫻井さん。今回は大人のマナーを学んでさらなる成長を目指します。ゲストは小林ゆうさん。教室に入るなり「ああっ!美しい光で目が開けられない!」と、マナー講師の諏内えみ先生を前にうずくまる小林節を披露します。「怖くない、怖くない(笑)」となだめる櫻井さんでしたが……果たしてこの2人、大丈夫!?

まずは基本の「立ち居振る舞い」から。櫻井さんは、下げた頭の上がり方が早いなど、おじぎについて細かな指導を受けます。「初対面の方への挨拶」では、目上の相

Fashionable

Prince

マナー…？

手の勘違いを、いかに失礼のないよう対応するかを先生がチェック。「トマトが大好き」と恐ろしい勘違いをされた櫻井さんは、訂正せず「大好きです」と話を進めます。しかし、この後に困る場面もあるので「マナーとしては×」とダメ出し。「トマト料理に誘われたときは帰るつもり」という櫻井さんのセコい作戦も先生には通用せず!? さらに「大人の会話術」として、上手な褒め方と褒められ方を学習。「オシャレな王子様と呼ばれている櫻井さん」という小林さんの褒め言葉に、櫻井さんも「本当ですか?」と嬉しそう。その反応は、謙遜しすぎないところがいいと高評価❤

最後の「カフェでのエスコート」では、序盤の不安がウソのように先生絶賛で2人も大喜び！ 習ったばかりの30度のおじぎも披露して、「(笑)」らしからぬ(!?)きれいな締めとなりました。

Broadcast

#25 2013年9月29日

★★★★★★★★★★★

Guest 福山 潤

Caution

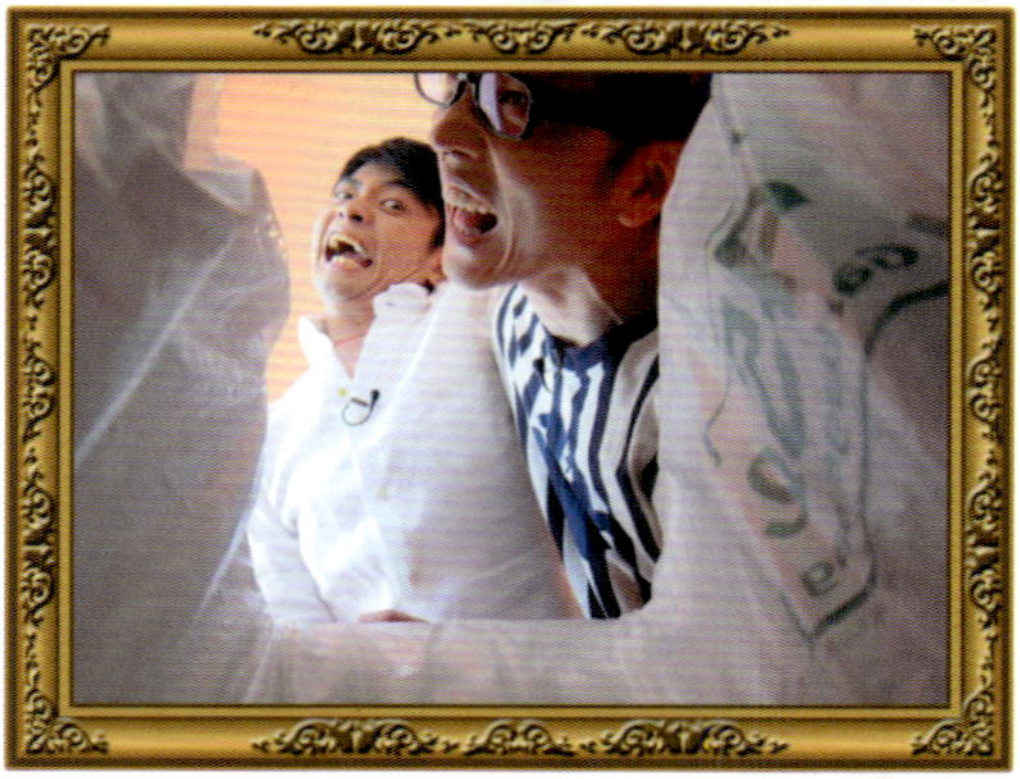

本日のベストショット

Nice Shot!

男ふたり、アイデアグッズで大盛り上がり！オモシロ写真にハマる!?

オープニングで櫻井さんが今回の企画内容を語っている間、後ろに何やら微動だにしない人の頭が。やがて「ココだココだ！」と出てきたのはゲストの福山潤さん！ 今回は男2人でアイデアグッズを使って遊ぶ楽しげな企画です。

最初に登場したのは自在に動く三脚「ゴリラポッド」。2人はオモシロ写真を撮りまくり、結果、櫻井さんをゴミ箱に捨てようとする福山さんの写真がベストショットとなりました。次に登場したのは冷凍フルーツで新感覚スイーツを作る「ヨナナスメーカー」。用意されたフルーツの中にはトマトもあ

初ヨナナス!

り、苦手な櫻井さんは大騒ぎ。アイス状にしてもトマトを克服できなかった櫻井さんのためにトマトなしで作り直すと、「うめーな、これ」とゴキゲンに。3番目に登場したのは、耳の動きによってその人の気分がわかるという「脳波に反応するネコミミ」。お互い装着してさまざまな質問を投げかけ反応を見てみるも、どんな質問でも「平常心」や「リラックス」状態に。さすが百戦錬磨な2人、といった結果に!?

最後に登場したのは、ペットボトルをセットし、手を使わずに2つの飲料を飲めるというヘルメット。目隠しをし、何をセットしたか当てるゲームでめんつゆを飲まされた福山さんですが、意外と平気そう!?　「(笑)」初登場ながら存分に楽しんだ様子の福山さん、最後には「僕、バンジーまで平気なので」とロケの提案をし、櫻井さんを慌てさせていました。

Broadcast

SP 2013年12月29日
「櫻井探偵事務所　一夜限りの復活SP」

★★★★★★★★★★★

Guest 藤原啓治、市来光弘
斎藤桃子、赤﨑千夏

Sakurai Detective Office

あの探偵事務所が復活！櫻井探偵が若手から大御所まで様々な悩みを即解決！

以前『Club AT-X』として放送されていた『櫻井探偵事務所』が一夜限りの復活。最初の依頼人・市来光弘さんは、街中で先輩を見かけても声をかけなかった体験から「声をかけるべきか」と相談を持ちかけます。櫻井探偵は〝先輩なら声をかける〟とのことで「芸能界は怖いところですからね！」とカメラ目線で強調します。「ただ、俺には声をかけるな！」と勝手な主張も!? そんな市来さんが見かけた同業の方とは……なんと櫻井さん本人！ 助手の赤﨑千夏さんも「（市来さんの反応は）大正解！」と大ウケです。

Danger

Ahahahaha——!

キアヌに
会いたい!
(斎藤桃子が)

続く斎藤桃子さんの「私の性格に合う人は?」との相談では、ベストパートナーがわかる心理テストを。一緒に挑戦した櫻井探偵、結婚に安定を望むという結果にも「俺は破天荒だから!」とにわかにワルぶるのでした。

そして、最後の依頼人は藤原啓治さん。飄々とカッコイイ藤原さんですが、櫻井さんをスター扱いしてイジるなどお茶目な一面も。超多忙な藤原さんからの「仕事をうまく断ってオフを作るには?」という相談に、櫻井探偵は「(仕事を)僕に回してください」と、どん欲な姿勢を見せます! さらに藤原さんからは「人の名前を覚えられない」という相談も。そこで、藤原さん&櫻井探偵が記憶力テストに挑戦しますが、2人とも不正解という驚きの結果に。結局「皆を山田と呼ぶ」という、藤原さんの普段通りの方法に櫻井探偵も賛同するのでした。

Broadcast

#26 2014年3月30日

★★★★★★★★★★★

Guest 間島淳司、内山夕実

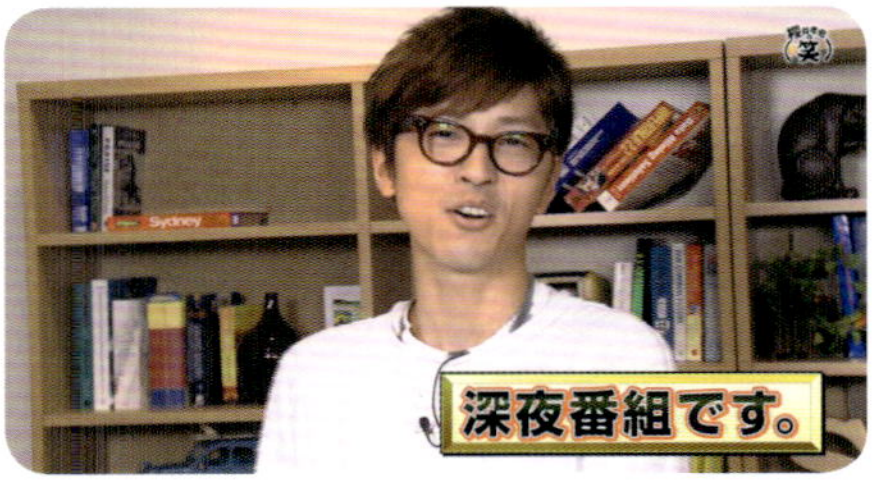

自腹がかかった シビアなグルメクイズで 櫻井さん悲鳴の連続！ 支払金額はいったい……!?

間島淳司さん、内山夕実さんとともに日本味めぐりクイズに挑戦。クイズに正解してもしなくてもご当地グルメを食べられるものの、3人とも不正解の場合は櫻井さんの自腹になるという、櫻井さんだけが悲しい目に遭うシステム。

1問目からさっそく3人とも不正解となりガッカリの櫻井さん、3問目ではアワビという明らかに高い三重県のグルメが登場し「てめーら、わかってんだろーな!?」と2人を脅しにかかる！　ところが当の櫻井さんは当てる気皆無なボケ回答。この男、他人任せなのか、自腹がへっちゃらなのか!?

優しい回だった
（間島のコメントが）

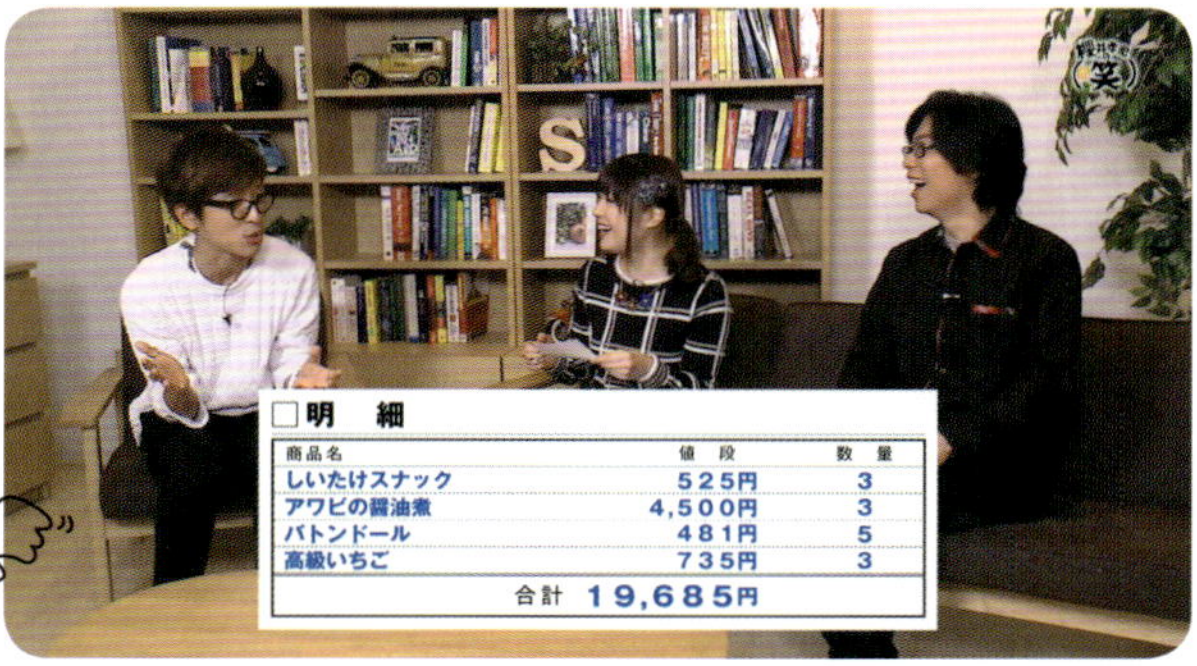

MONEY
MONEY

さらに大阪の問題では、いろいろな動物に見えるゆるキャラ・ふくまるくんが登場。「デザインの元になった動物とは？」という問題に「プレーリードッグ」（内山）、「かわうそ」（櫻井）、「カピバラ」（間島）とそれぞれ真剣に回答します。そして、助っ人として駆り出されたスタッフ、音声のワクさんは「コアラ」と答えますが……正解はなんと「ウォンバット」！ こうして、またしても櫻井さんの自腹金額は増えていくのでした。

その後もふくまるくんのマネでおどけたりしながらクイズは進行。最後にナンバー1グルメを決めてサラッと締めようとする櫻井さんですが、そうは問屋が卸さない！ いよいよ自腹金額が発表され、1万9685円というリアルに手痛い数字を聞いた櫻井さんは、財布を持ってきたマネージャーに八つ当たりするしかありませんでした……。

Broadcast

#27 2014年6月29日

★★★★★★★★★★★

Guest 江口拓也、上坂すみれ

HAPPY BIRTH DAY

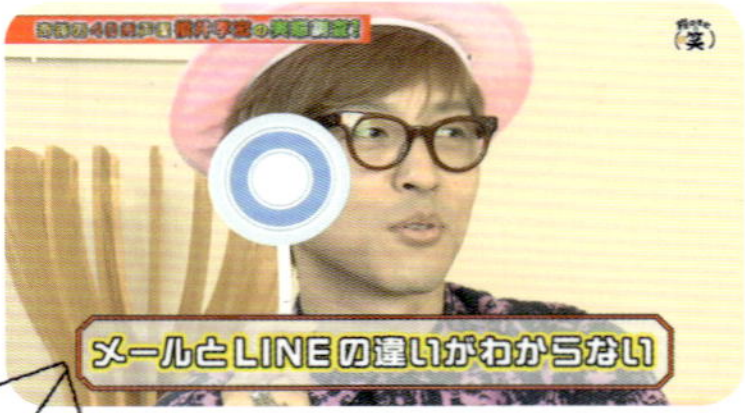

祝40歳！ 花の独身・櫻井さんの行く末が、ついにタロット占いで明らかに!?

「私、櫻井孝宏、この6月で40歳になりました――！」との雄叫びから始まった今回の「(笑)」。上坂すみれさん、江口拓也さんを迎えて40歳の誕生パーティーを開催❤

まずは世間の40歳男性が感じる「あるある」に櫻井さんがどれぐらい共感できるかを調査。「メールとLINEの違いがわからない」「ひと回り以上年下の異性が孫のように思える」「老後のことを考えるようになる」などの質問に「○」を掲げる櫻井さん。オヤジギャグも止まらず老いを自覚した櫻井さん、40代にファイナライズ完了！

続いては、占い師の先生を迎え

占い、
当たりすぎて
怖いです…

ての運勢占い。占星術での「いやでも名声を得る」という驚くべき結果に、櫻井さんは「俺は求めてないのよ？」と若干ドヤ顔に。さらに、江口さんが引っ越しのこと、上坂さんがファッションのことを占ってもらったのに続いて、櫻井さんは結婚についてのタロット占いを依頼します。「今後、人生において結婚したほうがいいのか、独身の道を突き進んだほうがいいのか」というわりとガチなお悩みに、「活動はされたほうがいい」と先生。とはいうものの、出てくるカードは〝行動を起こしていない〟〝受け身〟など後ろ向きな姿勢を意味するものばかり……。挙句の果てには、〝フラフラしている〟を意味するフール（愚者）のカードが出て一同爆笑！

最後には番組からオシャレ老眼鏡をプレゼントされ、「まだ俺は（老眼）来てないからな（笑）！」と抵抗する櫻井さんなのでした。

Broadcast

#28 2014年8月31日

★★★★★★★★★★★

Guest 鷲崎 健、芹澤 優

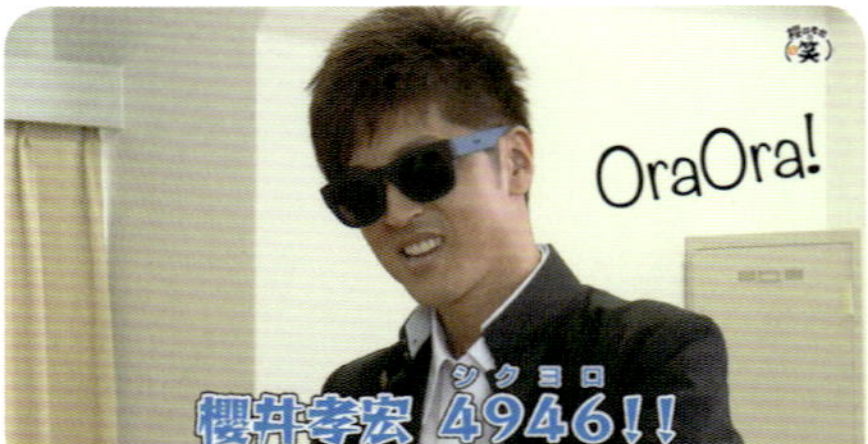

現役名門中学生と声優学力チェックに挑戦 櫻井さんの学力やいかに……!?

先生役の鷲崎健さん、生徒役の芹澤優さんとともに「声優学力チェック」に挑戦。櫻井さんらの隣の席には、なんと現役中学生の姿も。彼らが名門・開成中学校の生徒と聞いた櫻井さん「めっちゃ天気いい(=快晴)みたいな」とひとボケかまし、鷲崎先生は「バカですね〜(笑)!」。自己紹介では、得意科目を聞かれ「夜の保健体育です(キリッ)」と、横にいる少年お構いなしの返しをする櫻井さんでした。

そしていよいよテスト開始。1問目、国語の「塞翁が○」の○を埋める問題に、櫻井さんは「塞翁が

芹澤パイセンの珍答、パネーッす！

オレ」と堂々回答。「オレが塞翁だ！」とふざけまくるなどのっけから先行き不安な展開に!? ボケなのか本気なのか、なかなか正解できない櫻井さんは、ついに理科の問題で現役中学生の似顔絵を描きだすのでした。英語の時間では、受動態を使った英文問題に挑戦。「受動態」を「受動熊」と読んでしまう櫻井さんにはかなりの難問だったようで、「YEAH！」連発のメチャクチャな英文を披露し、教室を爆笑の渦に巻き込みます。問題はさらにハイレベルに。「都会と田舎どちらに住みたいか」に英語で答える問題では、芹澤さんが「very venry（＝とても便利）」と、聞いたことのない英単語を発明！ 鷲崎先生も意味を汲み取るのに一苦労（笑）。

　結果、中学生に負けた大人2人は「勉強ちゃんとやったほうがいいよ」と説得力たっぷりの言葉を視聴者に投げかけるのでした。

Broadcast

SP 2014年12月28日
「愛の懺悔室＆ガチンコクイズバトル！ SP」

Guest 木村良平、小野友樹、下田麻美

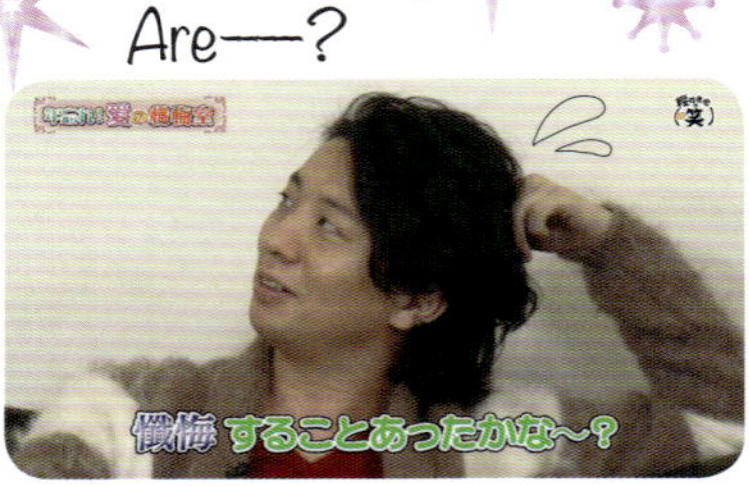

声優たちの懺悔を聞く櫻井神父、なぜか自分も懺悔させられるはめに!?

2本立ての年末スペシャル。まずは櫻井神父による「愛の懺悔室」から。最初のゲスト・小野友樹さんに「ダイエットでリバウンドを繰り返してしまう」ことを懺悔。櫻井神父による神のお告げは小野さんが鎖骨を骨折したことにかけて「鎖骨折っても心は折るな」。続くゲスト・木村良平さんは「反省はない」と言い切るも、SNSの内容が発表され「買物をしすぎているのでは!?」という疑惑が。さらに「櫻井さんを許してあげよう」などのつぶやきも明らかになり、平身低頭となりました。ところが「買物のしすぎは櫻井さんでは?」

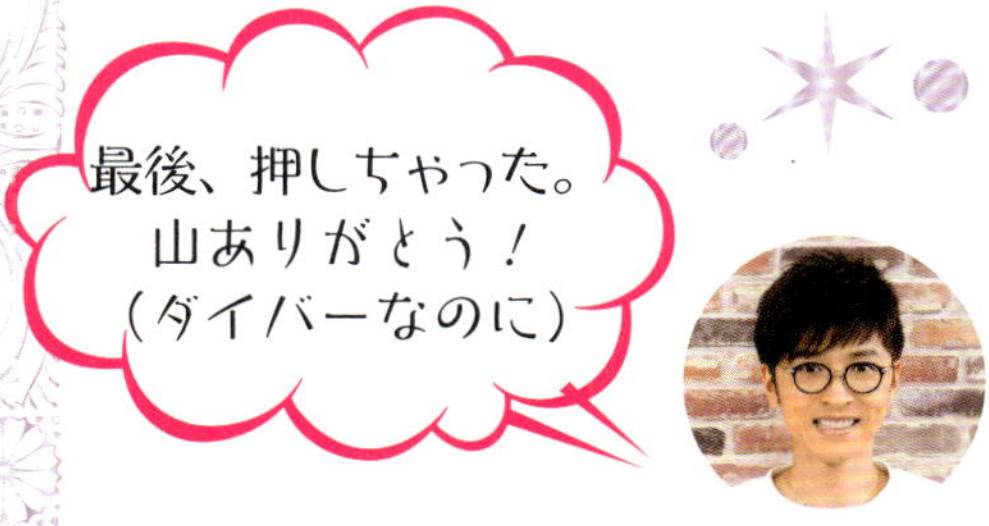

と木村さんの逆襲が。最後には櫻井さんが「神よ、お許しください」と懺悔するはめに……。さらに、3人目のゲスト・下田麻美さんの「下ネタで怒られた」という懺悔に男子3人も興味津々。あけっぴろげな下田さんには「そのままでいてください」とのお告げが下りました。

後半は、クイズ王・日高大介さんを迎えて声優クイズ王決定戦を開催。オヤジギャグを放つ櫻井さんら回答者陣の逸脱した言動には、下田さんから「減点ですよ」と厳しい声が飛ぶ！　そんななか、クイズは小野さんと木村さんの激戦に。お互い得意分野の問題を確実に正解していきます。「シーソーゲームですね」と言う日高さんに「僕が支点でしょうね」と櫻井さんの自虐も炸裂。ところが8億点をかけた最後の問題になんと櫻井さんが正解！　8億1点をゲットし見事優勝となりました。

Broadcast

#29　2015年3月29日

★★★★★★★★★★★

Guest　花江夏樹、茜屋日海夏

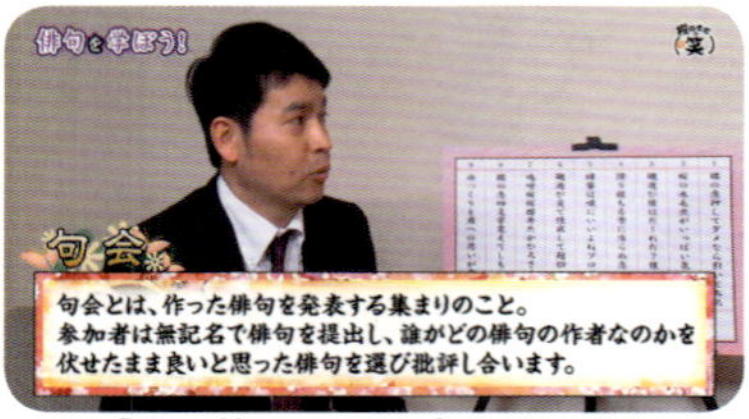

Challenge HAIKU!

趣味を増やそう！櫻井さんが後輩たちと初の俳句作りに挑戦！出来映えのほどは？

新たな趣味を発掘しようということで、今回は花江夏樹さんと茜屋日海歌さんをゲストに迎え３人で〝俳句〟を体験することに！

講師を務める俳人の堀本裕樹先生は、俳句の楽しさを３人に知ってもらうため「句会」を開催。春の季語と自由テーマで三句ずつ作り、作者の名が伏せられた状態で、それぞれが良いと思った句を２つずつ発表し合います。句会では下の名前で呼び合うということで、めったにない「孝宏さん」呼びに櫻井さんもちょっぴり照れ気味！

茜屋さんが選んだのは「桜の木毛虫がいっぱい気持ちわる」とい

JA—N!

1	猫の恋押してダメなら引いてみろ	茜屋
2	桜の木毛虫がいっぱい気持ちわる	櫻井
3	磯遊び僕はだーれだ?僕アワビ	花江
4	降り積もる雪に劣らぬ恋心	茜屋
5	蜂蜜は喉にいいよねプロポリス	櫻井
6	磯遊び貝で怪我して超凹む	櫻井
7	嗚呼桜桜櫻井たかひろさん	花江
8	猫の恋四文字変えてしものひろ	花江
9	ゆっくりと君への想いが雪溶かす	茜屋

JA—N!

Fantastic!

茜屋と
花江夏樹と
堀本と

う櫻井さんの作品。「気持ちわる」という直接的な表現を使わない方がいいとのことで、先生は「桜木にあまた毛虫の息づかひ」と添削。一変して本格的な俳句らしく生まれ変わりました！ 花江さんの「磯遊び僕はだーれだ？ 僕アワビ」という句に先生は「ちょっと句の意味がわからないですね」とバッサリ(笑)。一方の茜屋さんは恋心を詠んだ一句を披露。ファンタスティックな句を目指したという茜屋さんに、「ファンタスティックの〝ク〟は俳句の句って字だろ？」と櫻井さんニヤリ。先生からの特選には「降り積もる雪に劣らぬ恋心」という茜屋さんの句が選ばれました。

最後も俳句で締めよう、ということで花江さん、茜屋さん、櫻井さんの順に頭から五、七、五を担当。「愛の風」「桜餅かな」「また来週」と、共作の締め俳句は、締まったのか締まらなかったんだか……!?

Broadcast

#30 2015年5月30日

★★★★★★★★★★★

Guest 立花慎之介、巽悠衣子

2回目の味めぐりクイズ！自腹を減らしたい櫻井さん、今回の支払い金額は前回より多いか少ないか!?

立花慎之介さん、巽悠衣子さんを迎えて日本横断味めぐりクイズの第2弾をお届け。前回、1万9685円の自腹を切った櫻井さん、今回はどうなるでしょうか!?

1問目はまぐろの生ハムをかけた静岡県の問題。富士山にまつわるクイズを立花さんが見事に当て、櫻井さん自腹を免れます。さらに2問目も博識な立花さんが正解し「スタッフと裏で通じているのでは」なんてあらぬ疑惑をかける櫻井さん。さらに立花さんは3問目まで鋭い勘で正解し、無敵の守護神状態です。4問目は惜しくも不正解でしたが、答えの方向性は

撮影協力：メガネハウス

メガネくん、
メガネ
売れたかな？

合っており「今回の企画は立花くんだけがイイ」と櫻井さん。「間島（#26に出演した間島淳司さん）と違いますから」と立花さんもドヤ顔です。というわけで初の自腹・栗のテリーヌの金額が発表されますが……お値段なんと1万円。櫻井さんのテンションもだだ下がりに!? そして5問目では富山県からやってきたゆるキャラのメガネくんが登場。クイズは全員不正解となるも、ご当地グルメの昆布パンは1袋171円というお手頃価格で櫻井さんもニッコリです。

しかし、最後のお会計でテリーヌが2本あったことが判明し、前回を上回る2万2154円という支払い金額に櫻井さんショック。一方、5問中3問を正解した立花さんは「（問題のレベルを）もうちょっと考えていただきたい（笑）」と、番組へまさかのダメ出し！「僕ら天狗になってたのかな（笑）」と櫻井さんも反省しきりでした!?

Broadcast

#31 2015年8月29日

★★★★★★★★★★★

Guest 佐藤拓也

ゲームに勝てば食材ゲット バーベキューを前に 炎天下の屋外で 過酷なゲームが始まる！

佐藤拓也さんを迎えてのバーベキュー企画。「この番組、チクチク痛い瞬間があるんです」という櫻井さんに「楽しくバーベキューするだけって聞いてきた」と佐藤さん。もちろん、この番組がそう簡単にオイシイ思いをさせてくれるわけもなく……。炎天下でゲームに挑み、勝った方が食材をゲットできるという過酷なBBQ大会の始まり始まり〜。

第1ラウンドはビールをかけた輪投げ勝負！　野球部だった佐藤さんは自信満々ですが、意外にも1投も入れられず。一方、帰宅部だったという櫻井さんですが、ふ

ざけて的中させるミラクル発生！ 見事、ビールゲットとなりました。第2ラウンドは野菜をかけた「あるなしクイズ」勝負。こちらも櫻井さんが天才的なひらめきで正解し「またいただいちゃっていいですかぁ?」とニンマリ。そして最終ラウンドは、お肉をかけ「黒ひげ危機一髪」で運だめし。櫻井さんが「この辺に刺してみようかな❤」と佐藤さんを刺すふりをし、佐藤さんがピョンと跳ねるなど、謎のじゃれ合いをしながらゲームを進め……勝利したのはなんと佐藤さん！ 一番いいところを持っていく結果となりました。

そしていよいよバーベキューがスタート。結局、佐藤さん、櫻井さんともにお互い「恥ずかしい話」を披露することでそれぞれ無事にビールとお肉をゲット。肉を食らいビールをあおり「もう働きたくねぇ」と身も蓋もない本音を漏らす櫻井さんに佐藤さんも大笑い！

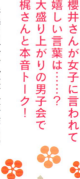

Broadcast

SP 2016年1月2日
「(初笑) 2016　女子会VS男子会SP!」

#32 2016年1月30日

Guest 梶 裕貴
潘めぐみ、大西沙織、上田麗奈

櫻井さんが女子に言われて嬉しい言葉は……? 大盛り上がりの男子会で梶さんと本音トーク!

新春スペシャルは、女子会&男子会の2本立て。女子会前半では、潘めぐみさん、大西沙織さん、上田麗奈さんを迎えアンケートをもとに女子会あるあるを検証。櫻井さんの女子会へのミョーな思い込みが明らかに!? 一方、男子会には梶裕貴さんが登場。7つの質問のうち2つだけ拒否できるという質問大会を行います。「女性に言われると嬉しい言葉は?」との質問では櫻井さんが「すご〜い❤」、梶さんが「おつかれさま」と答え、2人に会ったら「すご〜いおつかれさま❤」と言ってほしいと盛り上がる! また「この際だから言

Boys talk
yeaaaaaah
どうですか？ この絵面

主梶《おもかじ》いっぱい!!

やや大喜利だよね

#32

櫻井さんのライバルはベイスターズのラミレス監督!?

スペシャルの未公開集。女子会では、推理クイズで櫻井さんが回答者になったターンを。女子たちのヒントから正解を導き出す櫻井さん、お見事！　男子会では「ライバルだと思う人は？」との質問に、同い年のラミレス監督を挙げた櫻井さんが、その理由を語る！

目力（笑）

いたいこと」では、梶さんが櫻井さんに感謝を伝えます。若い頃に励まされたという話を披露され、櫻井さんも大照れです。そんな櫻井さんは梶さんを「天才だね」と評します。梶さんの芝居に、子どもの頃のアニメを見たときの気持ちを思い出したとベタ褒めし、2人の相思相愛ぶりが明らかに。

女子会後半では推理ゲームに挑戦。〝ある事件が起きたときに自分ならどう反応するか〟を3人が挙げ、その答えから回答者が事件の内容を当てるというもの。正解が出たあかつきには一同大喜びで、櫻井さんもいつしかすっかり女子会にとけ込んでいました。男子会後半では「恋人に求める絶対条件」との質問に櫻井さんから初〝×〟が出ますが、梶さんにお願いされ仕方なく発表。「味覚が合う人」という意外と(!?)しっかりした答えに、梶さんも「シブい」と感心したのでした。

Broadcast

#33 2015年4月30日

Guest 代永 翼

お友達作ろう企画第2弾で代永翼さんが登場！櫻井さんへのプチドッキリも……

友達を作る企画の第2弾。押し入れから衝撃の登場を果たした今回の友達候補は代永翼さん。共演経験はあるものの、櫻井さんいわく「つかず離れず」の関係だとか。「このババァは～」（櫻井）、「ババァじゃない！」（代永）と、のっけから持ちネタ（!?）を披露する2人、すでに息ピッタリですが……？

今回は代永さんの「5つの好きなもの」でトークを展開。最初のワード「鳥」では、「くちばしでちょっと噛まれるのが好き」という代永さんの発言に食いつく櫻井さん。相変わらずそういう話、大好きです。と、ここで実は櫻井さん

Dokkiri

ババア！

Garururu—!

へのドッキリとして、ワードの中にひとつだけ代永さんの興味がないダウトワードが含まれていることが視聴者に明かされます。果たして櫻井さんはそれを当てられるのか!? トークは進み、「おつまみ」では試食をしたり、「旅行」では海の話で盛り上がったり。「ツンデレ」ではその良さを熱弁する代永さんに「今までで一番熱いよ」と櫻井さんが冷静にツッコみます。そして「キャラクター」では櫻井さんを巻き込んで『センチメンタルサーカス』ごっこまで!

5つのトークが終わったところでいよいよネタバラシ。櫻井さんの答えは「おつまみ」でしたが、正解はなんと熱く語っていた「ツンデレ」。上手なウソをついてくれた代永さんには番組から「櫻井孝宏いつでも呼び出しOK券」がプレゼントされます。思わぬ展開に「やられたな～」と白旗をあげた櫻井さんでした。

櫻井孝宏の(笑)

メイキングショット集 Part.2

(Hatsuwarai) 2016 Making

Makig shot Collection!!

「櫻井孝宏の(笑)」スタッフ
座談会＆インタビュー

STAFF

櫻井孝宏×STAFF
座談会

プロデューサーの大門とディレクターの金田が登場！
15年間ずっと一緒に番組を作り続けてきた３人が
番組の歴史を振り返る仲良し座談会！

（インタビュアー：中川實穂　写真：辺見真也）

同世代の３人
２００１年の出会いが全ての始まり！

大門　まずは出会いにさかのぼりましょうか。

櫻井　15年前ですか。

大門　『サイボーグ００９』の頃ですよね？

櫻井　そうです。それが２００１年だから。

大門　僕と金田が『高橋美佳子のナースステーション』というネット番組をやっていて。当時はまだＹｏｕＴｕｂｅもない頃で、画質もすごい低い番組だったんですけど。その番組に櫻井さんがゲストで来てくれて……。

櫻井　はい、1回呼ばれて。

大門　その後、同じところで『櫻井孝宏のおでかけアニポップ』という番組をやることになって……。

櫻井　高橋美佳子さん自身がおもしろい方なので、それに合わせて楽しんでやっていたら「番組やらないか？」と。でも、始めはタイトルが『ロマンチック街道』になる予定だった。

金田　よく覚えてるなぁ。

櫻井　うん、覚えてる覚えてる。『櫻井孝宏のロマンチック街道』って何かちょっと……（苦笑）。これが出会いというか、今に至るスタートだったんですよね。

金田　当時、僕と大門は笑いをやりたくて、そこで櫻井さんと気が合ったというか。

櫻井　フィーリングがね。年齢もほとんど同じなので。

大門　『おでかけアニポップ』は1年半くらいやったんですよね。

櫻井　当時は26、27歳で、細かい映像の作法とかカメラの怖さとかもわかっていなかったので、緊張はしてもそんなにビビったりはしなかった。だから、割といい思い出になってますね。

金田　ゲストと2人で、外ロケする番組でね。

櫻井　フィーチャーするのはゲストだったので、ゲストが行きたい街とか、ゆかりの場所に行ってね。

大門　櫻井さんは、冠番組は初めてだったんですか？

櫻井　その当時はラジオもまだやってないので、自分の名前が付いたのは『おでかけアニポップ』が初めてでしたね。

金田　探りながらやり始めたけど。

大門　1本目からすごくできてま

したよ。おもしろかった。

櫻井　あざーっす！

タイトルは変わっても
ずっと地続きで
ここまできた感覚がある

大門　『おでかけ』が終わってしばらくしてから『燃える！合コンスペシャル』という前後編の30分番組があったんですよ。

櫻井　あった！　豊口めぐみさんがゲストで、半分デートみたいなロケをして、鈴村とか清水香里ちゃんとか植田佳奈とか世代的に近い子たちとカラオケをするっていう（笑）。″合コン″という言葉がすでにちょっと……トレンディな感じですけど。

大門　ソファーに座って「トークでございます」という形じゃない番組が作りたくて。「何で声優さんが集まってるの？」という理由を無理くり作ろうとして、思いついたのが「合コン」（笑）。

櫻井　そうだった。で、『探偵事務所』にいくんですね。

大門　そうです。もともとネットで番組を作っていたところにAT-Xから「何かやりたい」と相談があって。「うちとしては櫻井さんの番組をやりたいです」ということで、その『合コンスペシャル』をパイロット的に作ったんですよ。それでAT-Xの方が「おもしろいんで、ぜひレギュラーで」と言ってくれて、『Club AT-X』の『櫻井探偵事務所』になったんですよ。

櫻井　そうなってくると、いよいよ「仲いいんじゃね？　俺ら」みたいになってきて。夜に3人で六本木に繰り出して飲んだりとかしてた。

大門　『探偵事務所』が始まったのが2005年ですね、櫻井さんと出会って4年目。

櫻井　『おでかけ』のときは、それぞれの分野で頑張ってメキメキいくような年頃で、『探偵事務所』になった頃には、ある程度ツーカーというか、それなりの……。

金田　信頼感はありましたよ。

櫻井　うん。番組自体もそれまでハンディのカメラでキンキン（金田）が撮ってたのが、ちょっと立派なカメラになって。「あ、でかいカメラだ！　カメラの人がいる！」「メイクを施されている！」みたいな。そこが『探偵事務所』になって大きく変わったところで。

大門　『おでかけ』の頃はまだメイクがついてなかったんですよね。

櫻井　そのあたりから、ぼちぼち

櫻井孝宏×STAFF
座談会

今の形になりはじめる。だから番組の名前は変わってるけど、ずっと地続きで来ている感はありますよ。結果論かもしれないですけど、振り返ってみれば1本の道だなっていうところはありますね。

トライ&エラーを重ねながら新たな声優番組を開拓

大門　最初の『アニポップ』は街ロケ番組で、次の『探偵事務所』がもう1人MCがいる座りのトーク番組だったのに対して、『(笑)』は毎回やることが違う。ハードルが一番高い……ですか？

櫻井　そうですね。でも、毎回新鮮な気持ちではいられます。うまい具合に経験を積めてきているのかなって。

金田　最初の頃は「俺、大丈夫ですか？」みたいな顔してたけど、今はスタッフが笑うまでカメラ目線(笑)。これは自信の〝間〟だね。

櫻井　失敗もいっぱいしてるんですよ、俺。スベったりとか、とんちんかんなことをやったりとか。トライ&エラーだと思っているので、そういうのはたくさんあって。でも振り返ってみれば、割と新しいことはやってきたかなと思う。今、似た感じの番組増えてるしね。

大門　今でこそ声優バラエティ番組っていろいろな種類があるんですけど、当時は座ってトークする番組が多かった。そこを『(笑)』が開拓したというのは、誇っていいんじゃないかと思いますね。

櫻井　現場での分担は、大枠を大門さんが見て、その場でのひらめきとかはキンキン。内容は変に打ち合わせするよりは……。

金田　予定不調和の方がおもしろい、絶対。

大門　設定だけ念入りに作って、そこでいかにアドリブで遊べるか。

櫻井　だから、僕もそんなに準備して行かないし。一応内容は把握しつつ、でもやっぱりトークバラエティーなので知らない方がいい。

金田　事前に聞いてたことにリアクションすると、絶対わざとらしくなっちゃうからね。でも櫻井さんはね、中身をすごく把握してくれているんですよ。要は頭がいいんだと思うけど。

大門　ゲストも『おでかけ』『探偵事務所』『(笑)』と合わせると100人ぐらいになるよね。

金田　やる前に「ゲストどんな感じですか？」って聞くと、「全然知らない。わけわかんない！」って。

櫻井　「わけわかんない」とは言ってない（笑）。

金田　「とりあえずやりますよ」って。

櫻井　そんな言い方してないよ（笑）。

金田　知らない方が盛り上がるときはあるよね。神が降りて。

櫻井　佐藤（拓也）くんが来た#31（P90）で、食材をかけて輪投げをやったんですけど……。超ふざけて投げた輪投げが入るという……。

金田　マジで神なんですよ。

櫻井　あれはね、俺、ちょっと反省したのよ（笑）。

金田　そうそう、ゲスト殺し。ゲストよりおもしろくなるから（笑）。

櫻井　要は天然みたいなところが急に出ることがあって、すごく恥ずかしいんですよ。このときも超ふざけて「全然入んないじゃん」って狙って投げたら、スポッって入って（笑）。

金田　「あ〜！（やっちゃった）」とか言って。

櫻井　その後、普通にやったら全然入んない（苦笑）。

金田　さすが神。

櫻井　でも、ゲストによって色が出るよね。こういう番組なので、ゲストが今まであまり見せたことがないような部分を出せたらなというのが、ひとつテーマとしてある。そこを見てもらえたほうが楽しいので。

スタッフとのコミュニケーションを重ね イジれるように

櫻井　『（笑）』の#1（P16）は思い出深い。『探偵事務所』が終わって、番組形態は変わったけどスタッフは基本的には知ってる人で、変わったような変わってないような曖昧な気持ちでいたところに、松風雅也をブッキングするという……。「最終回じゃん、この人！」みたいなモンスターを。で、どっちがMCかわからないくらいボッコボコにされたんですけど。でも、彼は絶対おもしろくしてくれる人なので、すごく信頼してるんですよ。いいスタートだったなあと思いますね。

大門　#1はキンちゃん（金田）が、別番組がむちゃくちゃ忙しくてスケジュールが合わなかったんだよね。

櫻井　何回かキンキンがいない回があったけど、キンキンがいないだけで全然違う。やっぱりちょっと不安というか。要はこの座組だからラクできてる。いちいち口にしなくても、アイコンタクトでパッとやれちゃったりする。プレーヤーも作り手もいっぱいいる中で、それでもずっと一緒にやれてるっていうのはひとつ大きいなと僕は思っています。無言の信頼関係が生まれる。

金田　撮影現場では、カメラマンが一番ウケてるよね。

櫻井　下茂さんね(笑)。#12(P38)で行ったナンジャタウンのお化け屋敷で超ビビってたよね(笑)。

金田　あれ、1回ロケハンさせたんですよ。俺と一緒にコースを歩いてたら、ビビりまくっちゃって。「大丈夫かな？　この人」って。

大門　本番でも、ビビッて声が乗っちゃってた(笑)。普通はカメラマンが声を出しちゃいけないんですけど。

櫻井　この頃になると技術の人たちともコミュニケーションを取るようになって。スタッフさんもおもしろかったらイジる、みたいなのが何となく芽生えはじめた。それで#19(P58)の東京ドイツ村ロケの頃にはもうバキバキにイジってるし(笑)。

大門　下茂さんは途中参加だけど、入ってくれて良かったよね。腕もあるし、おもしろいし。

金田　カメラマンは最初の視聴者なんですよ。そこがウケてれば僕らも成功だし、櫻井さんも安心するし。

櫻井　結構コメントくれたりするんですよね。一回なんかのときに「こんなの初めて撮りました」って言われたことがあって。そういうのってやっぱりちょっと嬉しかったりして。

“おもしろい”よりも“楽しい”に近いものができたらいい

大門　構成は『探偵事務所』時代から現在まで、ずっと演出の川合が

担当してますね。

金田　僕らは男だから、「どれだけ櫻井さんをイジめて楽しもうか」という感じだけど、川合ちゃんは女性目線の企画を作るよね。ネコ耳とかチョコパックとかね、ちょっと気持ち悪いところがいい。それが大事。

大門　『(笑)』の裏テーマに櫻井さんにいろんなコスプレをしてもらうっていうのがあるんですよ。ピンクの袴とか、SPの格好をしてもらったりとか。

櫻井　あー！　したした！

大門　櫻井さんって何を着ても映えるので、そこは裏テーマ的に続けてますね。

櫻井　キンちゃんは何か裏テーマ的なものはないの？

金田　その時その時の裏テーマはあるけど、通してってのは別にないね。まあ櫻井さんを驚かすっていうのはあるかな。サプライズみたいことをしておもしろくする。#９（P32）の宮田幸季さんがゲストの回は僕がリサーチして、櫻井さんをどれだけ驚かせようかって考えた。

櫻井　あー、あの回。宮田さんが軽石みたいなのをいきなり包丁の柄でガンガンガンやりはじめて。宮田さんって、ちょっと変わった人なんですけど、変わった人が変わったことやるってやっぱ怖いじゃないですか（笑）。

金田　あれは仕掛けたんですよ。櫻井さんにはわからないように、宮田さんと「やっちゃいましょうよ」って。そういうことを裏で打ち合わせしながら進めた回でした。

櫻井　この回はめっちゃ翻弄されて、超怖かった〜。

金田　真顔でね。「何、この人!?」みたいな（笑）。

櫻井　テレビ向けの顔ができなかった。「スタッフ……みんな大丈夫？　宮田さんが変なことやりはじめたよ……あれ？」みたいな。すごく不安定な気持ちになりました。

金田　本当にバレないように仕掛けたんですよ。

櫻井孝宏×STAFF
座談会

櫻井　全然わかんなかった、俺。「宮田さんの画面には映してはいけないヤバい姿を何とか抑えないと……」って必死で。

金田　先輩が俺の冠番組に来て、この姿は……。

櫻井　番組が終わる（笑）。でも、ここはひとつ起点になった。「なるほど。ＴＶショーというのはこういうこともありえるんだ」と知って。で、＃12（Ｐ38）の入野自由ですわ。ゲームをやって勝ったほうが餃子を食えるっていう、すごくわかりやすい企画だったんですけど。負けて餃子が食べられない俺に「かわいそうだから」って出されたのが、ハバネロ餃子で……。真っ赤っ赤だったんですよね。ソースがマグマみたいになってて。

大門　ハバネロソースを倍の量乗せちゃってて（笑）。

櫻井　そうなんですよ。でも「辛いもの苦手だから食べない」とか言えないし、もう「（振り切るように）いただきまーす！」みたいな感じで食ってからの記憶が若干ない……。

金田　顔が真っ白になって、汗がダラダラ出てきて。ホント、病院連れていこうかと思った。こっちも「あ、やべぇ」と思って。

櫻井　本当にもう、固いもので頭を殴られたぐらいの衝撃。始めは「辛い辛い」って言ってる俺をみんながニヤニヤ見てたんですけど。いよいよ俺がヤバいって気付いたスタッフを見て、俺も「あ、ヤバいって思わせちゃってる……」みたいな。でももう戻れなくて、やろうとしていたコーナーをひとつ飛ばして、エンディングはタンクトップでね……。

金田　下着ですよ。衣装が下着。僕も初めてですよ、こんなこと。

櫻井　汗がひかないからタンクトップで。アイス食ってエンディングっていうのを忘れられない。

金田　いつもいい服着てるのに（笑）。

櫻井　まあでも、宮田さんの回も入野くんの回も、そういうのもオンエアに乗っけちゃってるんですけど。僕は「おもしろけりゃいい」っていうスタンスでこの番組をやっているので、それは全然アリなんですよね。今さらそんなカッコつけてもねえ、声優なんで。だからそういう素に近いものとか、俺的には〝おもしろい〟よりも〝楽しい〟に近いかもしれないですけど、そういうものができたらいいなというのがある。こういう回を経ることによって、どんどん僕の中の「これもアリなんだ」とか「こうやるとおもしろいんだ」が増えてくる。

大門　#17（P54）の内山昂輝さんの人見知り企画も、スタッフ内では大好評でした。

櫻井　内山くんはすごく頭のいい子で。いまだに現場で会うときにふいに俺が〝うっちょん〟って呼ぶんですよ。そうすると「あ……た、た、た、たかくん」みたいな。思い出そうとする（笑）。それ、いまだにやってますよ。5年経ってますけど。

大門　それまでは櫻井さんと共演歴がある方をブッキングしてたんですけど、共演が初めてに近い方をブッキングしだしたのはこの頃からですね。逆に特番では大先輩を当ててみたりとか。だんだんブッキングのバリエーションが出てくるんですよ。

櫻井　『（初笑）2』（P60）では井上和彦さんや矢尾一樹さんという、子どもの頃から画面を通して見ていた大先輩がゲストに来てくれて……。

大門　櫻井さんの汗の量が半端なかった！

櫻井　まあ緊張しましたね！　冷や汗ですよ。もともと僕は汗っかきなんですけど、このときはすごくて。和彦さんは現場ではちょいちょい会っていたのですが、こういう風に会うのことはあまりないし。矢尾さんはすごい武勇伝とか伝説ばっかりの人だし。でも、気前のいい方なので、ちょっと聞きにくいようなことも全部答えてくれたりとかして、すごく印象が変わりました。もう少し怖い方かと思ってた。

長く続けられれば続けられるほどいい次の本が出るくらい！

大門　そろそろ今後の話とかしましょうか。11年目以降の。

金田　一番やりたいのは、多分予算的に無理なんですけど、海の中。櫻井さんにスキューバをやらせたい。

大門　豪華な回は作りたいですね。予算がない中、アイデアで何とかやってるので。15周年とか20周年の記念にでも。「モルジブ行きたい」って言ってましたもんね、僕らね。

櫻井　あー、ありましたね。

金田　『「モルジブ行きたい」』って言ったら叶うんじゃね？」っつったら今ですよ。ウンともスンとも

櫻井孝宏×STAFF
座談会

言わない（笑）。
大門　せめて沖縄くらいね。
櫻井　でも、長く続けられれば続けられるほどいいかな。だから、まあ次の本が出るくらい。
金田　いいこと言うね！
大門　この番組、最初の企画書で謳ってたのは『声優版タモリ倶楽部』なんですよ。流浪の番組だから。
櫻井　『タモリ倶楽部』ですか、いいですね！　やたらとゲストで来る奴とか出てきてもおもしろいね。「また出たな、こいつ」みたいな。
大門　じゃあ、またそろそろ松風さんに出てもらいましょう（笑）。
金田　『空声アワー』でもいい。
櫻井　丸パクリだな。
一同　そらごえ〜ア〜ワ〜♪（空耳アワーのテーマで）。

Profile 大門弘樹

1974年生まれ。企画制作会社セブンデイズウォーの代表。クイズ作家としてゲーム『クイズマジックアカデミー』シリーズの問題監修を担当。2014年にはクイズ専門誌『QUIZ JAPAN』を創刊。

Profile 金田光弘

1975年生まれ。TVディレクター。アニメ番組では『anicomtv』『絆体感TV 機動戦士ガンダム 第07板倉小隊』などを手掛ける。現在は『はやく起きた朝は…』『関根勤KADENの深い夜』などを制作中。

STAFF INTERVIEW

演出★川合真澄

独特のゆる〜い空気感を出すためには秘訣があった！　10年続いた番組作りの裏側を構成・演出を担当する川合が語る。

（インタビュアー：中川實穂）

櫻井さんとともに築いた『(笑)』の現場の空気感。その舞台裏とは？

——まずは川合さんの仕事の内容について教えてください。

川合　番組の構成を考えて、ゲストにオファーして、台本を作って、編集して、という番組作りのほぼ全てを担当しています。

——本番中の指示出しもですか？

川合　現場では私は一歩引いて、金田に託すというスタイルですね。本番中に関しては昔から変わらず櫻井さんと金田、大門で進めています。

——ちなみに『櫻井孝宏の(笑)』というタイトルの由来は？

川合　「大笑いはできないかもしれないけどクスって笑える番組にしたい」ということで、「笑」にカッコを付けました。「ゆるくても許してね」という意味合いが私の中にはあって、カッコをつければなんとかいけるかなっていう不安の表れだったんですよね。

——でも10年経った今も番組の雰囲気と合っていますね。企画を毎回違うものにしたのは理由があるんですか？

川合　番組を始めるときに、『タモリ倶楽部』みたいにしようって言ってたんです。どれだけ番組が続くかもわからなかったですし、3〜4ヶ月に1回の放送なのに同じフォーマットというのも変だなと思って。どういう形でも成り立つ感じにしたくて、今の形式になりました。

——毎回違う企画を考えるのは大変じゃないですか？

川合　これが大変で……。もうひたすら考えてます。地上波のように潤沢な予算があるわけではないので、そのことが縛りになってアイデアが生まれている面もありますね。予算が少ない中での知恵勝負みたいな。

——本当にいろいろな声優さんがゲストに来られていますが、声優さんがバラエティ番組に出るようになったのって割と最近ですよね。

川合　はい。番組が始まって10年経って、一番変わった部分はそこですね。声優さんが出てくれやすくなって企画の幅が広がりました。番組が始まった当初はまだ顔出ししていない方も多かったですし、作品が絡まないとお断りされることもあったんです。でも最近は顔出しOKの方が増えましたし、企画にも柔軟に対応してくださいます。それでもやっぱり「櫻井さんの番組なら」ということが要因としてはすごく大きいので、出演してくださるゲストのみなさんには本当にありがたいなと思っています。

——櫻井さんの希望でゲストが決まることはあるんですか？

川合　それはないです。有料の番組なのでゲスト選びはシビアです。でも＃１（P16）のゲストである松風雅也さんだけは、番組開始前に「例えばどういう方に来て欲しいですか」という話をしているときに櫻井さんから出たお名前だったんです。「松風さんはおもしろいし、頭もいい」と。じゃあ、失敗できない最初の回は絶対松風さんにしようって。

――そんな裏話があったとは！　では、櫻井さんという存在を生かすために気を付けていることなどはありますか？

川合　櫻井さんと仕事以外ではあまりお話ししないようにしていることでしょうか。スタッフと演者が仲良くなってしまって、私情が入る番組がたまにあって。それで「この人にこれはさせられない」とか……そういう感情が入ると、やっぱりおもしろくなくなってしまうので、「制作」と「演者」という線引きをしておつき合いさせていただいています。

――それができるのも、金田さんや大門さんとの連携が密に取れているからこそでもありますよね。

川合　分業に近いかもしれないですね。金田と大門が櫻井さんとのコミュニケーションを取ってくれるので、私が出る必要がなく助かっています。その分、櫻井さんと金田と大門が作り出す現場の和気あいあい感は死守しなくちゃいけないと思っています。

――ずっと櫻井さんと金田さん、大門さんの男３人で作っていたところに、『櫻井探偵事務所』で川合さんが入ったことによって初めて女性目線が加わったんですよね。

川合　女性目線というより、あの２人がやらせる厳しい内容に比べるとやさしいのかも（笑）。私が編集もしていることもあって、櫻井さんがやりにくそうなこと、しんどそうなことがわかるので、それは反省材料としてフィードバックしています。

――でも、けっこう辛そうなことをさせてますよね（笑）？

川合　ふふっ。やっぱり櫻井さんが苦労する方が絶対におもしろいんですよ（笑）。騙されたりすると素が出ていい味を出されますよね。

――では、10年経ったから言える失敗談はありますか？

川合　それがないんですよね。櫻井さんは必ず軌道修正してくださるので。正直、普通はあるんですよ。でもこの番組ではないですね。できないことがないんじゃないかなと思うくらい、なんでもやってくださる方です。

――櫻井さん、すごいですね！

川合　そうなんですよ。すごいんですよ！　櫻井さん。

――逆に櫻井さんが得意なことはどんなところだと思いますか？

川合　得意というか、櫻井さんが楽しそうにしているなと感じるのは、ゲストがボケたりしてハネている瞬間ですね。櫻井さんはゲス

こちらの予想を超えて番組の流れをガラッと変えてくださったときは、やっぱり楽しいし、興奮しますね

トを活かすのもお上手なんだと思います。#28(P82)では一般の中学生のおもしろい一面も引き出してくれて、ありがたかったです。

——なるほど。では川合さんが収録中に意識していることは、どんなことですか。

川合　ゲストの方が良く映るように、という部分には心を砕きますね。でもカメラマンの下茂さんと櫻井さんの息が合ってきていて、実はゲストより櫻井さんにカメラが寄ることも多いんですよ(笑)。

——撮りたくてたまらない、という感じですか(笑)。

川合　なんというか、櫻井さんがカメラ目線で引き寄せているというか。グッとくるのでおもしろい映像が撮れますし、どのタイミングでカメラ目線が来るか下茂さんもわかってきているんじゃないでしょうか。でも、被写体に想い入れがないといい画は撮れないので、ありがたいです。

——定期的に櫻井さんはコスプレ姿も披露していますよね。

川合　最初の頃、櫻井さんはコスプレはあまりしない方だったんですけど、この番組に関してはOKしてくれていて。そういう意味ではレアなコスプレ姿なのかもしれません。視聴者の方も特に喜んでくださっているようです。

——それはきっと櫻井さんの番組愛ですね。

川合　「おもしろくしたい」という制作意図に、櫻井さんがとても理解をしてくださっているので。そこはすごくありがたいと思っています。

10年を経て痛感するゲストのありがたみと独特なおもしろさ

——では、川合さんが個人的におもしろいと思う回は？

川合　おもしろいのが、スタッフ同士で好きな回について話すと、それぞれで挙げる回が違うんですよ。私が好きなのは、井上喜久子さんがゲストの#2(P18)ですね。実は私はその頃、喜久子さんと別のお仕事でもご一緒していたので、個人的には『シャボン玉ソング』とか、パソコンに名前を付けていらっしゃることには慣れていたんですよ。でも、初めて知る人にとってはこんなに不思議でおもしろいことなんだなって気づいた回でもあって(笑)。喜久子さんのお人柄の良さもすごく出てるので、好きな回ですね。あとは最近だと、#28(P82)。芹澤優さんは可愛いだけじゃなく、とにかくおもしろくて「すごい声優さんだ！」と思いました(笑)。

——授業で珍回答を連発していましたね。そういう流れになるのは想定外だったんですか？

川合　そうですね。声優さんはあくまで声優さんなので、どう転がるかわからないことが多いんです

STAFF INTERVIEW

よ。ほかには#30（P88）の、出題されたクイズに誰も答えられなかったら櫻井さんが自腹を切る、という企画。番組としては櫻井さんに払ってもらう方が盛り上がるので、ちゃんと難しいクイズを用意するんですよ。でもゲストの立花慎之介さんが次々に答えてしまうので、予想外の展開に私たちも「ええ!?」って（笑）。その回のエンディングでも「立花さんは神」という話になっていましたが、実は今でもスタッフは立花さんのことを「神」と呼んでいます（笑）。ゲストさんがこちらの予想を超えて番組の流れをガラッと変えてくださったときは、やっぱり楽しいし、興奮しますね。

――それってMCの櫻井さんがそうさせてあげられる方だっていうのも大きいでしょうね。器が大きくないと焦っちゃいますよ。

川合　私もそう思います。櫻井さんに受け止めるスキルがなかったらゲストも空振りになっちゃいますし。

――では出演されたゲストについて、思い出深い回はありますか？

川合　梶裕貴さんに出ていただいた2016年のお正月特番（P92）ですね。梶さんに初めてオファーしたときに「スケジュールは合わないけど、梶さんは櫻井さんのことがすごく好きなので、ぜひ出たいと言っていた」と聞いて。その後も、櫻井さんのことをすごく好きな人に番組に出てほしいという一心で、何度もオファーしていたんですよ。梶さんもお忙しい方なのでなかなかスケジュールが合わなかったんですけど、その度にマネージャーさんが時間を調節してくださって、遂に特番で出演が実現しました。だからちょっと感慨深かったですね。

――梶さんも喜ばれたでしょう。

川合　そうですね。この番組では珍しくいいお話もあったり。梶さんがまだ若手のときに、櫻井さんにご飯に連れてってもらったり服をもらったり相談に乗ってもらったりしたっていう、すごくプライベートなことまで話してくださったんですね。バラエティ番組だし、櫻井さんが恥ずかしがる姿はあまり見ることはないんですけど、すごくいい話だったのでオンエアすることにしました。そしたら視聴者の方がそこに反応してくれて。「こういうのもいいんだな」って、番組の新しい一面を知ることができましたね。

――お話は尽きませんが、最後に10年を迎えて、これからの展望を教えてください。

川合　番組を長く続けられることが一番です。実は、10年経ったことに気付いたのも偶然だったんですよ。台本の〆の言葉をどうしようかなと思ってて「あれ？」みたいな。そんな感じのペースで、声優界の長寿番組になりたいですね。

STAFF INTERVIEW

プロデューサー★山崎明日香

AT-Xで様々な声優バラエティー番組を手掛ける山崎P。櫻井さんの魅力や番組への思いなどたっぷり語っていただきました。

（インタビュアー：野村 文）

「(笑)」のいいところは不定期レギュラーであり中身も変幻自在なところ

——プロデューサーさんのお仕事といいますと、具体的にはどういうことをされているんですか？

山崎　AT-Xをご覧になっている加入者の方のために、どういった番組がいいのか、その企画にはどういった声優の皆さんに出演していただくのがいいか、常日頃考え、実際にそれを具現化する、という仕事です。ちなみに『櫻井孝宏の(笑)』に関しては、弊社では珍しく(制作会社の)セブンデイズウォーさんに企画からキャスティングからやっていただいているのですが、ほかの番組は圧倒的に自社発信で作っています。番組宣伝を専任でやっている社員もいないのでプロデューサー自ら進めています。番組だけではなく、チャンネル自体の宣伝や加入促進などもいろいろやってます。

——そもそも、どういういきさつでAT-Xに入られたのですか？

山崎　元々テレビが好きで、テレビの送り手側になりたいと思って地上波のテレビ局に入社しました。そこで営業をやっていたのですが、そのあと一旦辞めて、コピーライターをしてまして。そんななか、求人サイトでAT-Xの募集を見ました。民放で広告営業をやっていた身からすると、地上波のテレビ局は、広告主（スポンサー）に重きを置く側面が強くあります。要は、広告主に広告料を出していただくので、放送局は番組も作れるし、それを視聴者にお届けできるわけですから。でもAT-Xはそういうスタイルではなく、加入者の方の視聴料で成り立っています。そして、喜んでいただける番組編成をすれば加入者が増えて、チャンネルとして収益が上がるというシンプルなスタイル。とにかく加入者の方に支えられています。そういうところが魅力で入社しました。このスタイルのチャンネルであれば、囲碁でも釣りでもよかったかも(笑)。あとAT-Xがよかったのは、入った当初、社員が十数名しかいないこぢんまりとした組織だったこと。大きい組織だと「やる」となってもいろいろな部署を通す必要性があるので、物事を進めるスピードが遅くなりますけど、そうではなかったので期待がありました。

——実際に入られて、ご自分のやりたいことは実現できましたか？

山崎　最初は、コアなアニメ専門チャンネル・AT-Xで、声優番組を始めようって提案したとき、そんなに手放しに賛同は得られなかったですね。まだまだ声優バラエティーをやる土壌がなかったです。なので、「DVD売りますから！」「利益あげますから！」と周囲を説得して番組を始めました。

今はかなり周囲の理解も得られてきたかなという気がします。

――スポンサーがいないということは、本当に視聴者の声がダイレクトに反映されるんですよね。

山崎 もう地上波より断然反映されます。だからお客様の意識もすごいですよね。お電話でもメールでもご意見やお問い合わせをせいただきますし。でもそれがすごくわかりやすくて。「こういうふうに見ていただいているんだな」「こういうふうに思ってくださっているんだな」って、いろんなヒントをいただいて。それを編成なり、お客様サービスに反映できるっていうのは双方向な感じがします。

――例えば『(笑)』に関してはどんな声が寄せられますか?

山崎 「この回を再放送してほしい」という声は多いです。『(笑)』の場合は番組の企画内容が毎回変わるので、ゲストのリクエストもそんなに来ないんですよね。1対1のトークとか、番組フォーマットが決まっているとリクエストはしやすいかもしれないですけど、そうではないので。

――むしろ「どんなものが出てくるんだろう」って楽しみにされてる方が多いのかもしれませんね。

山崎 たぶんそうだと思うんです。『(笑)』のいいところは不定期レギュラーであり、中身も変幻自在なところなので。

――そもそもなぜ不定期レギュラーになったのですか?

山崎 1カ月で日曜日が5回ある月の5週目は、レギュラー番組がお休みになるので、枠が余るんですよ。そこを埋める番組として『(笑)』が始まったんです。そんなファジーな不定期レギュラーゆえに番組が続いているのかなと思います。放送年数でいったら、AT-Xの中で長寿番組になります。

――どうしてこれだけ長く続けることができたんでしょうか?

山崎 番組って、放送間隔を狭めてやればやるほど、制作もタイトになりますし、番組内容もマンネリ化してしまい続けることが難しいんです。『(笑)』はマイペースな感じで編成しているのがいいのかなと。この間隔が、ちょうど加入者の方たちにも心地よく受け入れてくださってるのかな、と思います。

進行のうまさと
エンターテインメント性
両方を併せ持つ櫻井さん

――櫻井さんのどういうところが一番すごいと思われますか?

山崎 ゲストのおもしろいところを引き出すのがうまいですよね。ずっと生でラジオをやってらっしゃるから、まずトーク力がある。どういうふうにお話を展開していけばいいかというのが体にしみついていらっしゃるのがすごいです。

――仲がいい方も、あまり交流がない方も、誰がいらっしゃっても

自分のことを言ってるようで言ってない
本当のところはわからない櫻井さん
でもだからこそ飽きないのかも

フラットなのがすごいなって。

山崎　そういうのもラジオでのご経験なんでしょうね。接点のない方がゲストにいらっしゃることもあるでしょうけど、そういう方が何を言いたいのかとか、空気を読む力、察知する力がすごいんじゃないかと。だって本来、櫻井さんはシャイですよね?? それがカメラが回るとあれだけ楽しませることができる力があるわけですから。

――確かに、シャイってよくおっしゃってますけど、そうは思えないほどトークがお上手ですよね。

山崎　櫻井さんの、自分のことを言っているようで言っていないような、つかみどころのないところがすごいなと思います(笑)。人の話はうまく聞き出すのに、自分のことはどこまで本当のこと言ってくれてるのかなって。でも、だからこそ、見ている側も飽きないのかなと。本当のところはわからないのに、でも番組の随所に、櫻井孝宏カラーっていうものが確実にあって。とても頭のいい方だと思います。言葉の使い方もおもしろいですし、表現も豊か。進行がうまい部分と、自分をおもしろく見せられるエンタテインメント性の両方を持ってらっしゃるのがすごいです。もちろん声優としてのお仕事もきっちりやってらして。

――以前からそうだったんでしょうか? この10年間、櫻井さんと接してこられて「変わったな」と思われる点などありますか?

山崎　最初からお上手なので、そういう意味では変わっていないと思います。ほんとにいい年の重ね方をされていらっしゃるかと。素敵なナイスミドルになられているんじゃないでしょうか(笑)。

――今1回目の放送を見ると雰囲気が少し違いますよね(笑)。

山崎　そうなんですよね。今の方がやはり落ち着かれてるというか。

――山崎さんの目から見て、櫻井さんはどういうスタンスで収録に臨んでると思いますか?

山崎　企画の中で最大限おもしろいように運ぼうっていう考え方をされていて、プロデューサー的な目線をお持ちというか。「こうしたらいいんじゃないの?」って、番組としての着地点を考えてくださっているなと思います。そういうところも踏まえて、ゲストとの絡みとか収録の進め方とかを考えておられますね。

――普段お話しされてるときとカメラが回り出してからとでは、違う雰囲気だったりするんですか?

山崎　そんなにはお変わりにならないと思います。ベースはすごくマジメで仕事に真摯な方だなと思います。でも真摯っていうところを殊更に見せたい方ではないと思うんです。謙虚なので「俺やってるぜ!」っていうところを言いたくないタイプ。もちろんプロとして努力されていることもあるかと思

STAFF INTERVIEW

いますけど、そういうところは一切見せないで、ふわふわっとつかみどころのないような感じでやっていらっしゃるなと思います。

これからも加入者の皆さんと年を重ねてナイスミドルな番組に

——これまででもっとも反響が大きかった回はどれですか？

山崎　鈴村健一さんと鉄道博物館に行った回(#8)ですね。未だに見たいという声をいただきます。仲の良いお2人の関係性もあってか、人気の高い回ですね。

——個人的におもしろかったのはどの回ですか？

山崎　矢尾一樹さんと井上和彦さんの回(初笑2)は、櫻井さんも珍しく緊張されていて、汗もハンパなかったですね。矢尾さんのお洋服がとてもファッショナブルなので、まだまだ櫻井さんは地味だなと思いました(笑)。

——では今後、櫻井さんのこんな面を見せていきたいというような展望はおありですか？

山崎　ナイスミドルでもまだまだ頑張れる、というスポーティーな企画もいいと思いますし、やっていないジャンルでは音楽系。楽器に挑戦して、櫻井さん流の音色を奏でていただくのもおもしろいかな、と。それから、声優以外の方たちと絡んだらどうなるのかなっていう興味もあります。

——山崎さんはいろいろな声優さんの番組を手がけていらっしゃいますが、声優さんの番組ならではのおもしろさというのは？

山崎　いわゆるタレントさんとは違って、視聴者の方が親近感を持てるんじゃないかなと。キャラクターを作りすぎていない、演出過多じゃないところが声優のみなさんの魅力ではないかと思います。一般の番組って、制作側の伝えたい情報や、やりたいことの意図を出演者がくんで伝えたり、おもしろくお届けするんだと思うんです。でも声優番組って、その声優の方の持っている魅力や意外性をいかに伝えられるかが肝だと思いますし、それをうまく引き出せれば、視聴者に喜んでいただけます。そこが、作り手としては一番大きなおもしろさかなと思います。

——では最後に『(笑)』のファンの皆さんに一言、メッセージをお願いします。

山崎　『櫻井孝宏の(笑)』は、これからもその時代時代に応じて、楽しみながらゆるやかに続いていければと思います。見ている皆さんと一緒に年を重ねて、皆さんの生活の中の楽しいもののひとつとしてお役に立てれば嬉しいです。櫻井さんとともに良い年の重ね方をして、番組もナイスミドルになっていければと思います(笑)。

Profile 山崎明日香

新卒で地上波局に入社、その後、広告制作会社での百貨店の広告制作を経て、AT-Xに中途入社。現在は放送事業部に所属し、販促宣伝、アニメや声優番組の編成・制作、オンデマンド配信サービスなどに従事。放送事業部・副部長。

CAST MESSAGES

10年つづくで
すごいじゃ
ないか
にんきものだ
もの
けんいち

From 鈴村健一
(#8出演)

From 松風雅也
（#1、#14出演）

CAST MESSAGES

From 儀武ゆう子
（#20出演）

『櫻井孝宏の（笑）』♡

10周年おめでとうございまぁ〜す♡

孝宏兄さんっ！ おめでとう… そして ありがとう!!
私… 20回記念回でMCを務めさせて頂いた際、
公共の電波を使い「絶賛婚活中」を強く、、強くっ
打ち出させて頂きましたおかげで――― ドドドドドドン〜

結・婚・で・き・ま・し・た♡ドゥフフ

私の人生のターニングポイントには いつも孝宏兄さんとAT-Xさん
（デビュー間もない頃の櫻井探偵事務所とかね!）

次は そろですね……

あ！ 私が出産する時、分娩室で収録しましょう♪
授かったら連絡します♡

儀武ゆう子

櫻井孝宏の【笑】
10 anniversary

♡おめでとうございます〜〜♡♡

櫻井さん、(笑)のスタッフのみなさま、ファンのみなさま!!!!
10周年、おめでとうございます〜〜♡!!
ナレーションを担当させていただいております、久嶋志帆です♡
10年…10年ってすごいですね。(オギャーと)生まれた赤チャンが小学4年生になりますよ!
愛もひとしおですよ!!♡ 楽しくて、あったかくて、ハッピーな10年を
みなさまと共に歩んだことは、私の幸福でありました…!! さあ!!
次の20周年にむかって、楽しく参りましょ〜〜〜↗↗
本当におめでとうございます♡♡♡

(笑)の、いっつもイイ味出してくれてる小道具たち…♡ww

(笑) 10anniversary♡

印象深いあのお面…

From 久嶋志帆
(ナレーター)

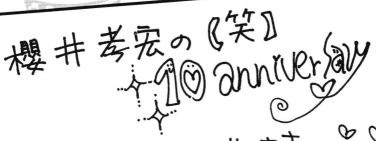

（笑）語録

番組で起きたミラクルからスタッフしか知らない舞台裏まで、番組の10年を彩った様々なキーワードを、スタッフ自ら解説！

【あ行】

愛知県岡崎市……我らがMC櫻井孝宏の出身地。

アメリカンなビキニ……ゲストの興津和幸さんが好きだと言っていた水着のこと。デジタルデザイン担当の片岡がイラスト化する際にどれが正解なのか少し悩んだ。（#23）

石……お料理企画でゲストの宮田幸季さんが突然砕いて料理に入れたもの。本当は富士の石という砂糖だったのだが、櫻井さんは最後までそれを知らされなかったためプチパニックに陥った。『（笑）』三大トラウマのひとつ。（#9）

イラストレーター……#20の「大スター☆櫻井孝宏徹底解剖クイズ！」において、「もしも櫻井孝宏が声優じゃなかったら、何の職業だったと思いますか？」というアンケートを実施。1位はお米屋さん、2位がイラストレーターだった。

伊勢丹新宿店……櫻井さんが大好きな百貨店。収録時のおやつも、だいたいここで買っている。

うさぎ……むかし櫻井さんが飼っていた動物。若かりし頃に鈴村健一さんが櫻井さん宅にお邪魔したとき、挙動不審な動きで鈴村さんを怖がらせたそうです。（#20）

ウチの夏フェス！……AT-Xで夏に編成される特別プログラム。『（笑）』の人気回も再放送されるので、万が一、放送を見逃した場合やもう一度観たいときにお役立ち！

AT-X……『櫻井孝宏の（笑）』を10年間放送し続ける偉大なCS局。

Mより……ゲストの松風雅也さんからのお便りの最後に記されている差出人名。（#1、#14）

LEDライト……暑がりの櫻井さんのために導入された、熱くなりにくい照明。助かってます。

オス！メス！キス！……櫻井さん、ディレクター金田、プロデューサー大門の間でたまに交わされるかけ声。主に了解の意味だと思われる。ネタ元となっているのは松本明子の曲のタイトル「♂・♀・Kiss」より。

〈使用例〉
金田「じゃあ始めますよ！」
櫻井「オス！」
大門「メス！」
金田「キス！」

【か行】

開成中学校……東京都にある私立中学校。#28に登場してくれた成瀬くんと宮崎くんが通っていた。その後、宮崎くんは2015年の『第35回高校生クイズ』に出場し、準優勝の成績を残した。すごい！

キンキン……櫻井さんがディレクターの金田を呼ぶ時の愛称。

ギンガムチェック……4回連続で櫻井さんの衣装がこの柄だった。（#16～#19）

クイズ……プロデューサーの大門がクイズ作家でもあるため、たびたび番組内で扱われる企画。しかし#30では、問題のレベルに対して、ゲストの立花慎之介さんからダメだしをされるという一幕も。

クイズマジックアカデミー6……櫻井さんと後藤邑子さんが対決したクイズゲーム（#10）。プロデューサーの大門がクイズ問題を監修しており、現在は最新作『トーキョーグリモワール』が稼働中。

ゲスト……当番組に出演してくれる声優さんのこと。これまで出演してくださった皆様、ありがとうございます。まだ出演歴のない方々、ぜひよろしくお願いいたします。

コーヒー焼酎……駄菓子バーでのロケの最中に櫻井さんがオーダーしたお酒。六本木の空気がそうさせたのか、当然のように飲みながら収録は行われた。（#4）

ココナッツ……#14の食べず嫌い対決に登場した櫻井さんの嫌いな食べ物。食感が消しゴムのカスのように思えて苦手だそうです。

【さ行】

櫻井探偵事務所……『Club AT-X』というアニメ情報番組の中で放送された、『櫻井孝宏の（笑）』の前身番組。櫻井さんが探偵役を務め、ゲストのお悩みを解決するという内容だった。

自腹……制作費ではなく、個人のプライベートマネーからお金を支払うこと。この番組で櫻井さんが支払った自腹の総額を計算してみたところ、10万2939円だった（驚）！

下茂さん……番組の名物カメラマン。お化け屋敷が苦手で撮影中にも関わらず驚きの声をあげた（#12）。よくドッキリを仕掛けられて出演するハメに。2児のパパ。

ズーヒルギロッポン……櫻井さんがたまに使う業界用語のひとつ。六本木ヒルズのこと。（#4）

スキューバダイビング……櫻井さんの数少ない趣味のひとつ。『（初笑）3』では、実際に伊豆の初島へスキューバダイビングに行ったときの写真を披露したが、出演者からはその写真の信憑性に疑いの声が上がった。

スター……番組スタッフが櫻井さんを呼ぶときの愛称。
〈使用例〉
「スター入りまーす!」
「スターのメイク終わった?」

【た行】

第30回……放送第20回は記念回としてお祝いされ、AT-Xから豪華なお弁当の差し入れがふるまわれたが、第30回はスルーされた。40回記念に期待。

『玉ネギのうた』……#2で櫻井さんが披露したシャボン玉ソング。シャボン玉ソングの説明は#2のレビューを参照されたし。

チゲ鍋……#7の納涼企画で汗だくになりながら櫻井さんとゲストの野中さんが食べた料理。櫻井さんの汗が噴き出して止まらなかった。

土下寝……土下座よりさらに上をいくお願い・謝罪のアクション。寺島拓篤さんとの勝負で、泣きの一回を懇願する際に櫻井さんが繰り出した。(#19)

トマト……櫻井さんの嫌いな食べ物。それゆえに、番組でしばしば扱われた(#24、#25)……のだが、どうやら克服したらしい。

【な行】

名古屋弁……#1のNGワードバトルでゲストの松風雅也さんが櫻井さんに書いたNGワード。櫻井さんを瞬殺した伝説の言葉として語り継がれることとなる。

西やん待ち!……メイクの西本さんが櫻井さんのメイク直しをする時間のこと。「急げ!」という意味を含むこともしばしば。

ノームコア……ファッション用語のひとつで「究極の普通」という意味。新春特番『(初笑)2016』で櫻井さんが口にした言葉だが、スタッフの誰も知らなかったので収録後に調べた後、クイズ作家である大門がさっそくクイズ問題に使用した。

【は行】

ハバネロソース……#12で櫻井さんにとてつもないダメージを与えた破壊的な辛さのソース。何事も加減が必要だとスタッフも学んだ。『(笑)』三大トラウマのひとつ。

番宣……AT-Xで放送される番組告知CMのこと。放送尺の30秒以内で言い切れるネタ探しにいつも苦労している。

ひさじー……番組のナレーター・久嶋志帆さんの愛称。とにかく上手いので、いつも15分ほどでナレーション録りが終わってしまう。前進番組『櫻井探偵事務所』ではレポーターを務めてくれていた。懐かしい。

【ま行】

見えない世界……占い師・早矢先生日

く、櫻井さんが半分足を突っ込んでいる世界らしい（#27）

三十路ーズ……#6のスポーツ対決で、櫻井さんとADが結成した即席チームの名前。冴えないメンバーながらも、ユニカールでは勝利した。

メガネくん……#30に登場した富山のメガネチェーン店「メガネハウス」のマスコットキャラ。当日は富山から6時間かけて収録現場まで来てくれた。まさかの赤帽子が櫻井さんとカブるというミラクルを起こす。収録後には櫻井さんにメガネくんグッズとメガネのプレゼントをいただきました。

モアレ……干渉縞のこと。繰り返した細かい模様が、モニター画面を通すと実際とは違う模様（モアレ縞）になってしまう。#22で櫻井さんが用意した衣装が強いモアレ現象を起こしていたため、その日着ていた私服のTシャツで収録をすることとなった。それが、かの「Free」Tシャツである。

【や行】

山崎くん……当番組のカメラマン。最近、妹がBL漫画家デビューしたらしい。

山の日……「第1回声優ガチンコ早押しクイズ選手権！」で櫻井さんが答えたウイニングアンサー。これを答えて8億点を獲得し、まさかの逆転優勝を果たした。

代々木公園……記念すべき第1回目のオープニングを撮影した場所。収録の際は公園事務局から目印のための旗を渡されたのだが、それがちょっと見切れている。

夜の保健体育……#28で鷲崎健先生に得意科目を聞かれた際に櫻井さんが答えた教科。実際には学校の教科に存在しないことは言うまでもない。

【ら行】

リハーサル……本番の収録前に行う予行演習的なもの。話す内容や尺などを確認する作業。だいたい放送できない過激な発言やくだらない内容をしゃべったりして遊ぶ愉快な時間。

六法全書……#1のゲスト・松風さんが登場の際に持っていた小道具。ご本人曰く、櫻井さんを待っている間に消防法まで覚えたとのこと。なぜ六法全書を小道具に選んだのか、演出の川合本人も記憶にないという……。

【わ行】

ワクさん……当番組の名物音声さん。ゴルフ好きを見込まれ、#19でゴルフの腕前を披露するが、結果はふるわなかった。1児のパパ。

『渡辺篤史の建もの探訪』……テレビ朝日で土曜日の早朝に放送されている長寿番組。ロケ先で素敵な建物に入るときになぜか櫻井さんがパロってしまう（#4、#8）。阿吽の呼吸で音効さんがこの番組のテーマ曲をつけてくれた。

収録現場ルポ漫画

取材・漫画：森本がーにゃ

今回のテーマは「櫻井さんのお友達作り企画第二弾」!
現場とかで一緒になることはありますが飲みとかはあまりないですね
友達ではない!?
ディレクター金田光弘さん
友達になるための準備(話題など)を詰めつつも…
今回は特別に櫻井さんが知らないオチを用意してるんですよぉ…
お楽しみに!
フフフ…
ヤラセ無し!! スタッフとゲスト、本気で笑いを作りに行っています!!
午後4時半、ついに櫻井孝宏さんが現場入り!!
おはようございまーす
数々のキャラを名芝居で演じ、この(笑)を10年続けるカリスマレジェンド…
いったい今日はどんな伝説が見られるのか…!
午後5時、ついに撮影開始です!
リハーサル後、番宣、OPとまずは撮っていきます
嫌いなものは?
自分の体についた脂肪!
撮り直しでーす
どっ
本編撮影では「友達つくろう」をテーマにしつつも時に激しく、時に楽しげにお互いのことをさぐっていきます
女の子か!!
かけあいも息ピッタリ!!
おんなのこじゃない!!

撮影中はもちろんカメラも意識されてカッコいい櫻井さんではあるのですが
仕事のフィルターを通せば話せるけド
友達って言うと…
普段のお芝居の時の声とはまた違った暖かさのある等身大の喋り声にメロメロに…!
カメラが回っている時もいない時もリラックスムードは継続!
ほんわか〜…
(笑)という番組では本当に飾らない櫻井さんがお届けされているのだなと感じました
撮影の合間の小休憩ではスタッフや共演者とわきあいあい!
(映っていない時に)変顔をしたり…
撮影で使ったおつまみをパクパク
おいしい♡
ワキ汗大丈夫?
大丈夫です!!
ワキ汗!?
台本はあれども、その場のノリで進んでいく撮影は見ていてもとっても楽しく、本当にアットホームでした
最後の話題、どっちにする?
キャラクターかなー
よし、キャラクターいってみよう
そして収録も大詰めに…
ここでお知らせです!
そういえば金田さんの言っていた「特別なオチ」ってなんだろう…
?

実は!この時の収録日は4月1日エイプリルフール!
今まで話した話題の中に一個だけウソがあります!
ドボン問題でした〜
マジかぁ〜
コレは騙されましたね〜〜!
ハチャメチャに幕を閉じた収録でしたが…
収録終了後にもメディア用の写真撮影やプレゼント用のサインを入れるなどお忙しい櫻井さんとスタッフさん達
大門さん、櫻井さん、金田さんで3ショット!
(笑)
サインを書く時は伊達メガネを外すのがクール!!
プレゼントをサンエックスさんからもらってゴキゲン〜の代永さん
かわいい♡
好きだなぁ〜
ぎゅっ
そして最後には実際にお互いの連絡先を交換するお二人の姿が…!
お二人が交流を温める瞬間に立ち会い、感動しました…!
きゅん♡
連絡下さいね
ん

最後に。

ところで、収録後に櫻井孝宏さんにご挨拶をさせてもらった森本ですが…

櫻井孝宏さんと言えば私の見ていたあのアニメ、今ハマっているあのアニメなどで数々の魅力的なお芝居をされている超人気声優…!!

ゴクリ…

しかし!!今回はあくまでお仕事!!ミーハー気分は捨ててきちんとご挨拶しなければ…!!

あっ、あの!森本ともうします!櫻井孝宏さんの本でレポ漫画を…

そうなんですかよろしくお願いします!

いい声…!!

うわああああ
あの!!声だあああ
がんばります!!
※ここからあまりに舞い上がりすぎてほぼ覚えていません
うっうわぁ家宝にします!

どういたしまして!

こうして取材も終わり…

きさくにサインを下さる!やさしい!!

改めまして本放送分を見て…

多くの人の手を経て「番組としての」完成品になった「(笑)」#33ですが…

編集・ナレーション・音入れ・etc…

テロップが入ると見やすい！

ならだコレはー!!

だましたなー!!!
※ドッキリが判明しオーバーなまでのリアクション！
収録時のお姿そのままでいらっしゃるのだなぁ…

番組の中で時に辛口に！時におちゃらけてプライベートのことをお話してくださる櫻井さん！

その中で自然と視聴者を楽しませてくれる櫻井さんとゲストの話術！番組全体の雰囲気！

10年続く人気番組は伊達じゃありません…！

櫻井さんと、ゲストさんホントにいいかけあいだったなあ！

たーのしかったー!!

素敵な櫻井孝宏さん、スタッフさん、(笑)10周年本当におめでとうございます！

これからも楽しい番組、頑張ってください！

櫻井孝宏の(笑)

櫻井孝宏の直筆アンケート

Q1. 番組の制作費が1億円あったら何をしたいですか？

スタッフ100人くらいの超豪華ロケとか！

Q2. 収録現場にあったら嬉しい差し入れは？

水着のおねーさん。
でも、実際にいたらやりにくい。
水とかがあれば、それで十分です。

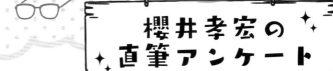

Q3. 番組10周年記念グッズを作るなら何がいい？

シモさんとワクさんの
抱き枕！等身大!!

Q4. もしも番組が20周年を迎えたら、どんなお祝いをしてほしい？

渋く立ち飲み屋とかで
やりたいですね。

そういうの悪くないですよね。

Q5. 「これだけはやめてほしい！」という企画は？

辛いの食べる企画！

Q6. これまでで特に緊張したのはどの企画？

ゲストで緊張したのは井上和彦さんと
伏尾一樹さんのSPで。
企画で緊張したのは面接の回です。
あとは第一回です！

Q7. 一番勉強になったと思う企画は？

学力テストの回です。
マジで学びました！

Q8. この場を借りてスタッフに言いたいことは？

いつも大汗をかいて

ごめんなさい…！

Q9. 櫻井さんにとって『（笑）』とは？

仲良しの

近所のおじさん（笑）。

HAPPY 10TH ANIVVERSARY

おしまい

櫻井孝宏の(笑)メモリアルブック
～HAPPY 10TH ANNIVERSARY～

たいへんよくできました。

2016年7月29日 発行

—TV STAFF—

ナレーター：久嶋志帆（81Produce）
カメラ：下茂 武・山崎圭介
VE：涌田真也
編集：村木 肇・池谷和彦
MA：引間保二
音効：小堀 一
デジタルデザイン：片岡信作
メイク：西本恵子
ディレクター：金田光弘
演出：川合真澄
プロデューサー：藤田 敏（AT-X）・大門弘樹

—書籍スタッフ—

著・編集：セブンデイズウォー
監修：AT-X
発行人：大門弘樹
編集人：川合真澄
編集：東海林直樹・清水耕司
執筆：おーちようこ・中川實穂・野村 文

—装丁—

小林博明（Kプラスアートワークス）

—本文デザイン—

小林聡美・川又紀子（Kプラスアートワークス）

—Special Thanks—

大澤美奈子（INTENTION）
山崎明日香（エー・ティー・エックス）
山内春香（81Produce）
福原 享（AQUARIUM）

発行元：株式会社セブンデイズウォー
〒162-0801 東京都新宿区山吹町335鈴木ビル5F　TEL:03-5206-6551

発売元：株式会社ほるぷ出版
〒101-0061 東京都千代田区三崎町３丁目８番５号　TEL:03-3556-3991

ISBN978-4-593-31025-8